地方代官新井権兵衛覚書

代官が綴った北関東の農村風景

新井光吉

下野新聞社

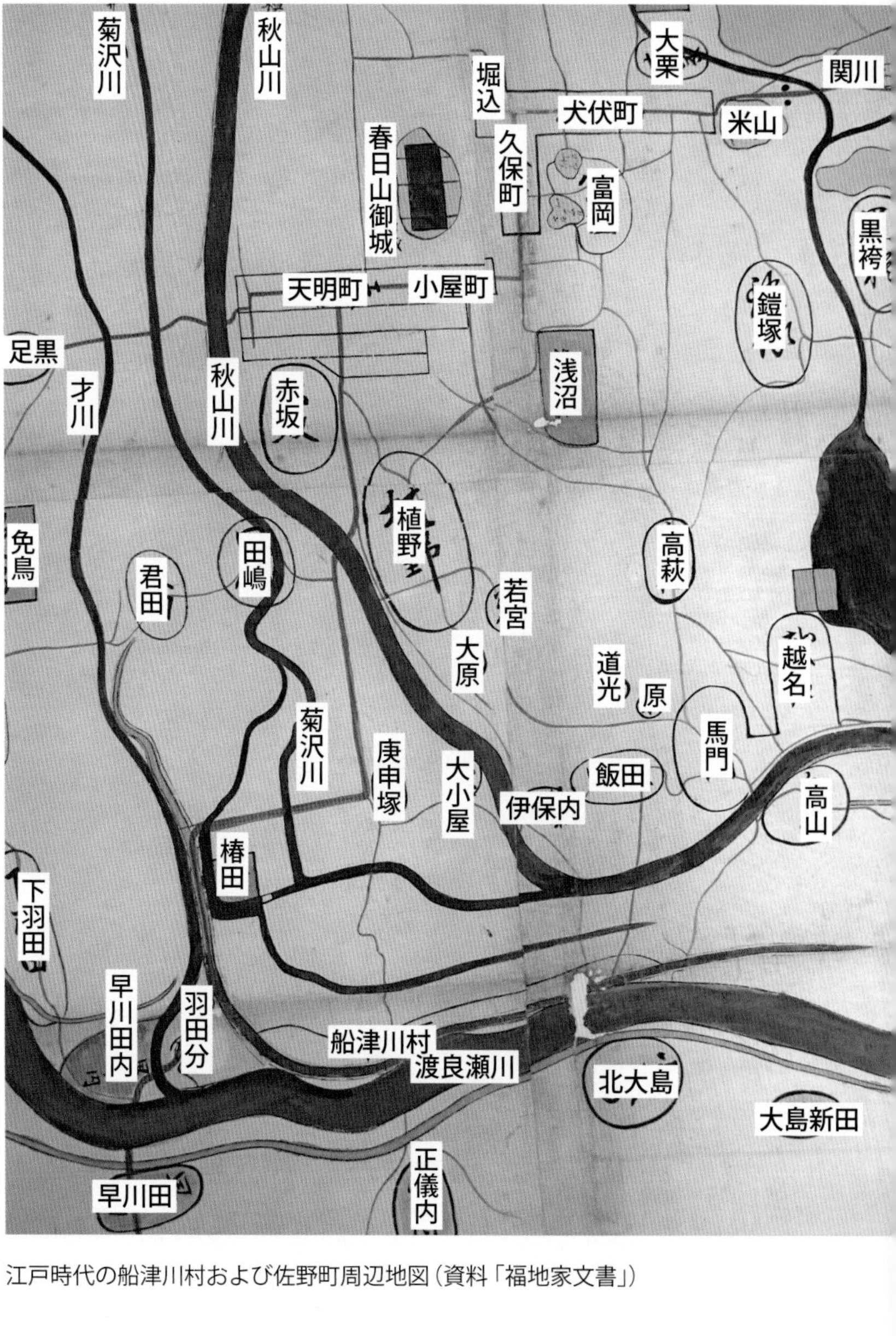

江戸時代の船津川村および佐野町周辺地図（資料「福地家文書」）

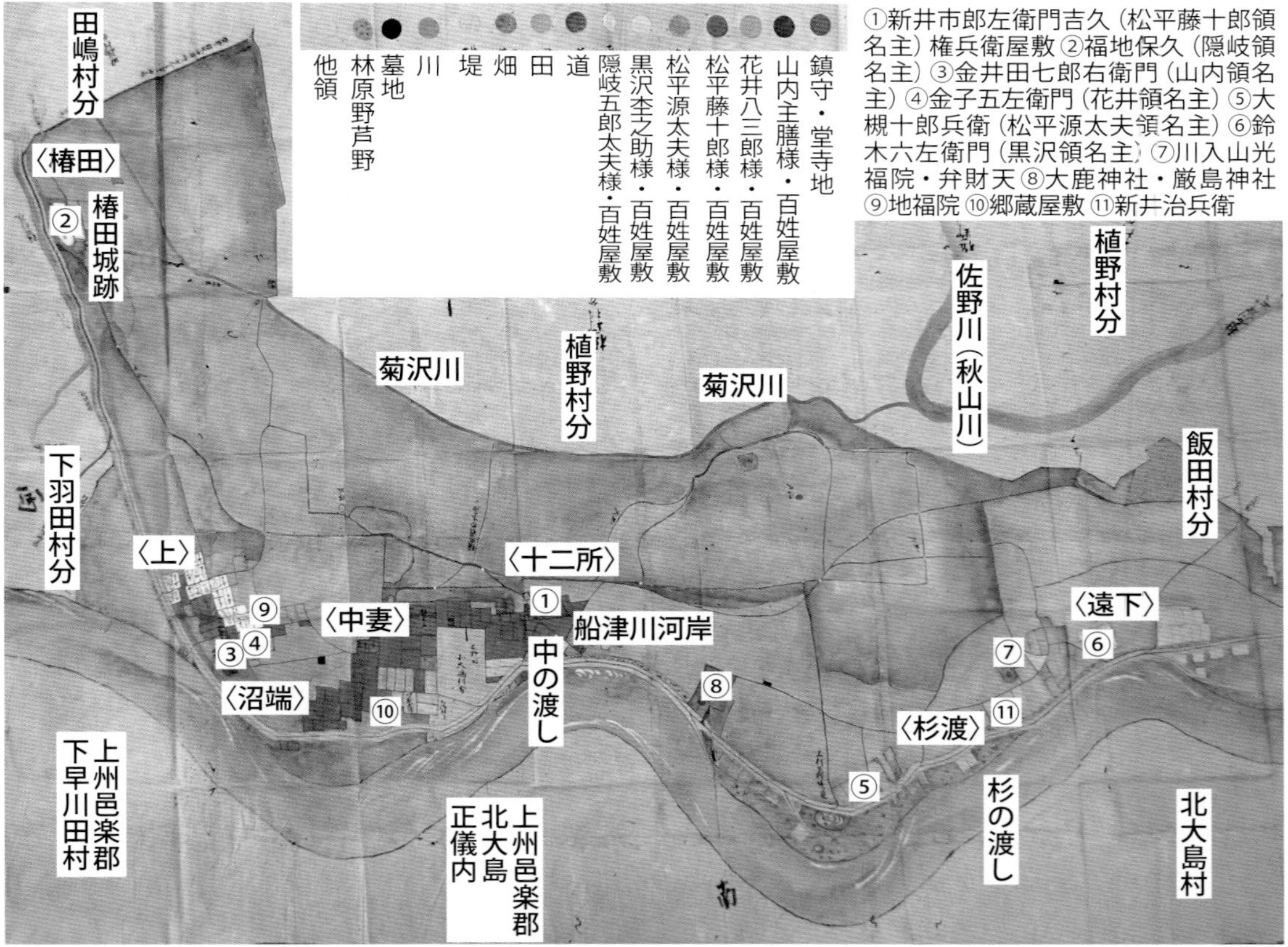

天明5年（1785）の船津川村絵図（船津川町　「福地家文書」）

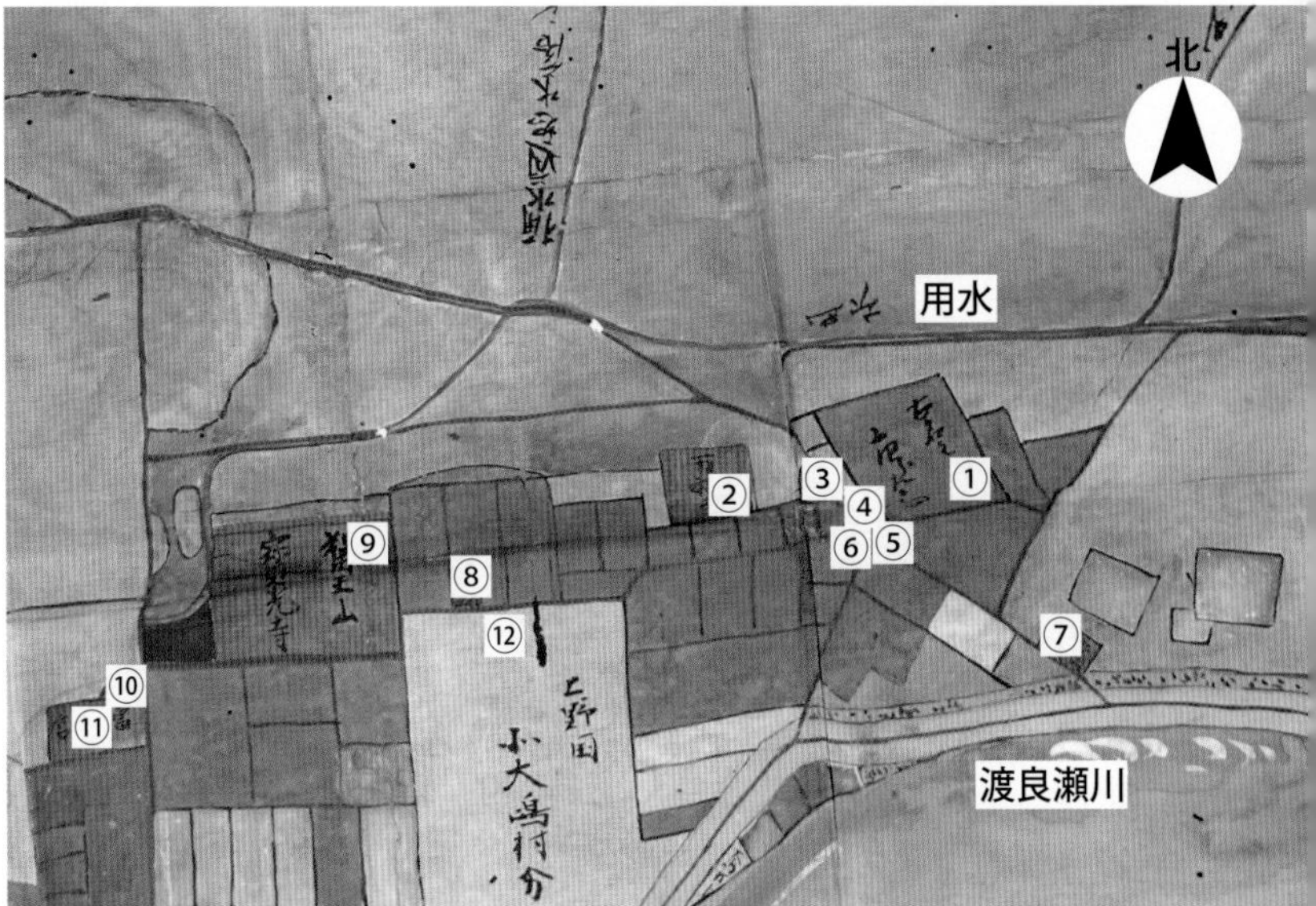

①新井権兵衛屋敷 ②万福寺 ③十二所地蔵堂 ④十二所小路 ⑤高札場 ⑥番屋 ⑦午頭天王社 ⑧十二社権現 ⑨医王山宝光寺 ⑩中妻地蔵堂 ⑪雷電神社 ⑫上野国北大嶋分　（資料「福地家文書」）

天明5年（1785）の船津川村絵図

新井権兵衛家墓地（宝光寺）

「地方代官新井権兵衛覚書」原本（「新井敏之家文書」）

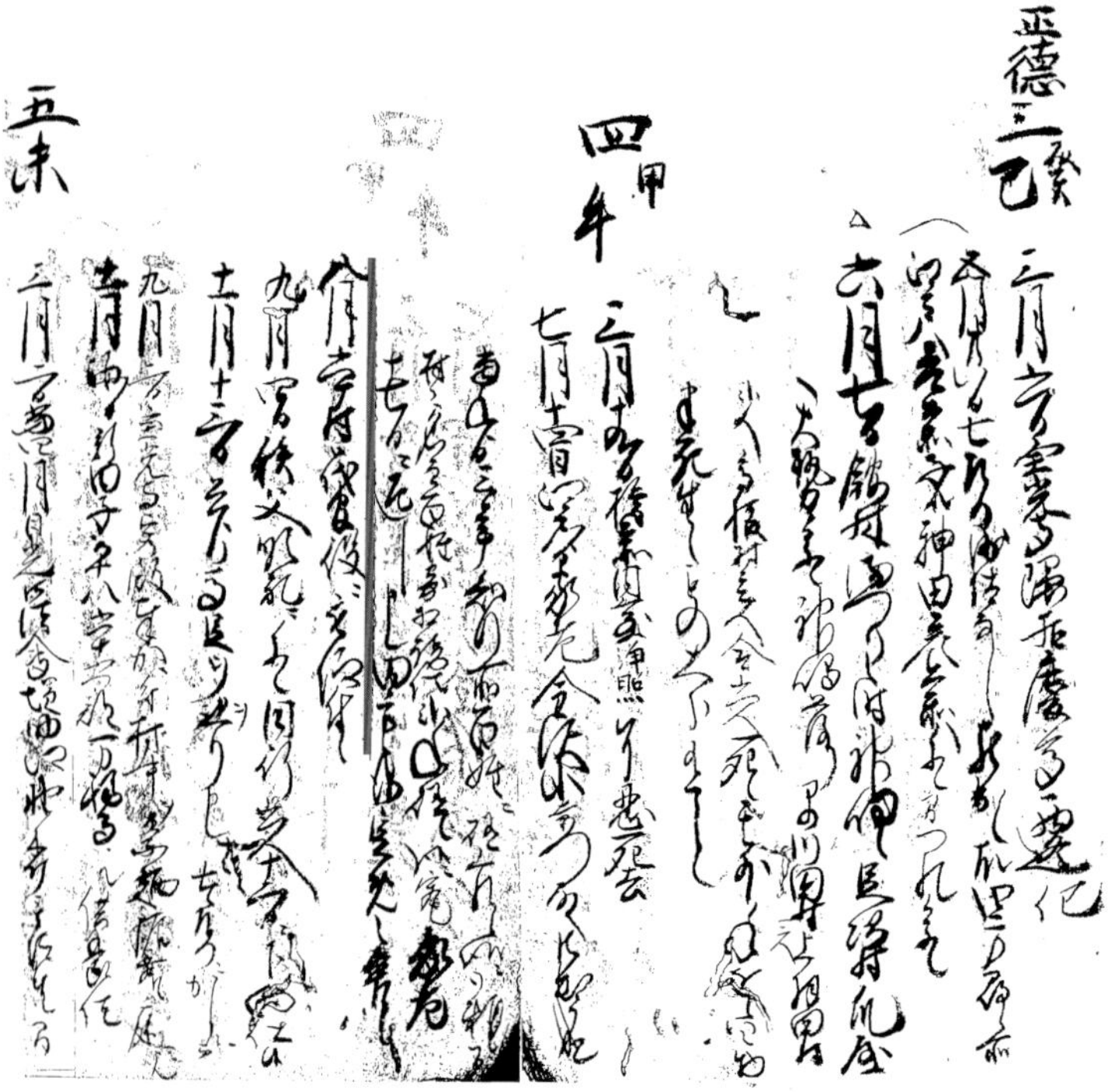

「地方代官新井権兵衛覚書」翻刻（京谷博次氏）

［正徳 三癸巳　三月六日宝光寺隠居慶尊遷化、
五月廿八日七左衛門沙汰なく罷出候故、四方尋候所江戸
へ吉兵衛子、神田彦兵衛へ参候間、つれ参候、
△六月七日館林満つり之時神鳴候、足次村瓜屋へ大勢参候
神鳴落リ早川田村三人、上羽田村弐人、高橋村壱人、合
六人死候、其外年を□□物半死生之もの大分有之候、
四甲午　三月十九日権兵衛内室浄照了恵死去、
七月十四日江戸ゟ家老金沢小衛門殿［　　　］
當年ゟ三年知行所百姓ニ賄くれ候様ニ御頼候而村々名主
百姓寄相談仕候、弐年賄候様ニ究(きめ)申候、家老十七日
ニ返し申候、田方儀定免之［　　　］、
八月六ヶ村御代官役ニ被仰付候、
九月四日秩父巡礼ニ参候、同行六人、十二日ニ下向仕候、
十一月十三日兵（右）衛門馬足ヲヲり中候、七郎左衛門ニ加し
候而、
九月二日宝光寺宮殿奉加ニ付、村中ヲ素麺振舞候、庭に
て、
十一月晦日新田子平八六十六部、万福寺江供養仕候、
五未　三月二日當四月日光御法会増助郷、野木町ニ被仰付候間、
當四月五日之内名主・年寄□刻□□相返可申候、
七月廿二日上忠右衛門嫁廿一、脇指ノ腹ヲきりよ忍ニカ
サシ死候、植野村㊞の兄弟参［　　　］仕無相違御座候、
八月椿田観世音、佐野三十三札所ニ成候、
享保 元申　正月御屋敷へ種々御礼、伊勢参宮仕候、

※傍線は、正徳四年（一七一四）八月、新井家一一代吉旨が領主松平家から六か村の代官を仰せつけられたことを示す記述

地方代官 新井権兵衛 覚書

代官が綴った北関東の農村風景

新井光吉

はしがき

この度、拙著『地方《じかた》代官新井権兵衛《ごんべえ》覚書』が下野新聞社から刊行されることになった。改めてこの本を手にすると、様々な思いがこみ上げてくる。私は長年、経済学を研究してきた者であり、古文書の現代語訳と解説を中心とした本を出すなどとは、いったいどうしたのだ、と首を傾げる知人たちの渋い顔が目に浮かぶようである。そこで、どうしてこのような本を出す気になったのだろうかと自問自答してみた。

確か、あれは二五、六年前のことである。ある日、父親から「今度、墓誌を建てるので、先祖のことを調べてくれ」と頼まれた。あまり気乗りがしなかったのだが、生来あれこれと調べるのが好きな質だったので、墓石や菩提寺の過去帳を調べ、親族縁者にも聞き回り、本家初代から寛永年間に分家して以降の我が家の家系をほぼ把握することができた。これで調査完了と思ったが、入手した三種類の家系図を見ているうちにいくつかの疑問が浮かんできて、私の詮索癖に火が付いた。それから郷土史家を訪ね、古文書の収集にも努めたのだが、僅かな例外を除けばさしたる成果もなく、調査は何年も中断したままになっていた。

ところが、二〇一七年のある日、館林市の郷土史家櫻井孝至氏が江戸時代の船津川村の調査で私を訪ねてきた。この出会いが契機となって、筆者は佐野市郷土博物館で「福地家文書」を漁り、親族の新井敏之家を訪ね、以前の訪問時に気になっていた古文書二点を借り出して読み始めることになった。『崩し字辞典』を片手に時間をかけて読み、半分ほどしか理解できなかったものの、実に興味深い貴重な資料であることが分かった。そんな途方に暮れた状態の時に親族の法事で出会ったのが古文書に精通した京谷博次氏であった。七頁にわたり一面に墨で落書きが施された七〇頁にも及ぶ古文書を京谷氏は三週間ほどで翻刻して届けてくれた。私は氏に深く感謝し、それを読むだけで満足していた。

そんな私が二〇一八年二月、急病で緊急手術を受け、一〇日ほど入院することになった。術後の痛みにも慣れた頃、ふとこの古文書のことを思い出し、家族に病室に届けてもらって読み返した。退院後には現代語訳にも取り組み、一カ月ほどで完了した。京谷氏には質問したい箇所も多くあったのだが、残念ながら氏は二〇一九年に亡くなってしまった。その後、自分なりに原文の解読に努め、その素晴らしさを再確認するに至り、これを眠らせて置くには惜しいという思いが募ってきた。幸いにも下野新聞社が出版を引き受けてくれることになり、晴れて日の目を見ることになった。それが本書『地方代官新井権兵衛覚書』である。なお、原本は表紙が欠落し、書名も不明であった。そこで、所有者の許可を得て、筆者がこの名前を付すことにしたのである。

地方代官 新井権兵衛覚書
代官が綴った北関東の農村風景

目次

地方代官

新井権兵衛覚書

新井権兵衛家の系譜

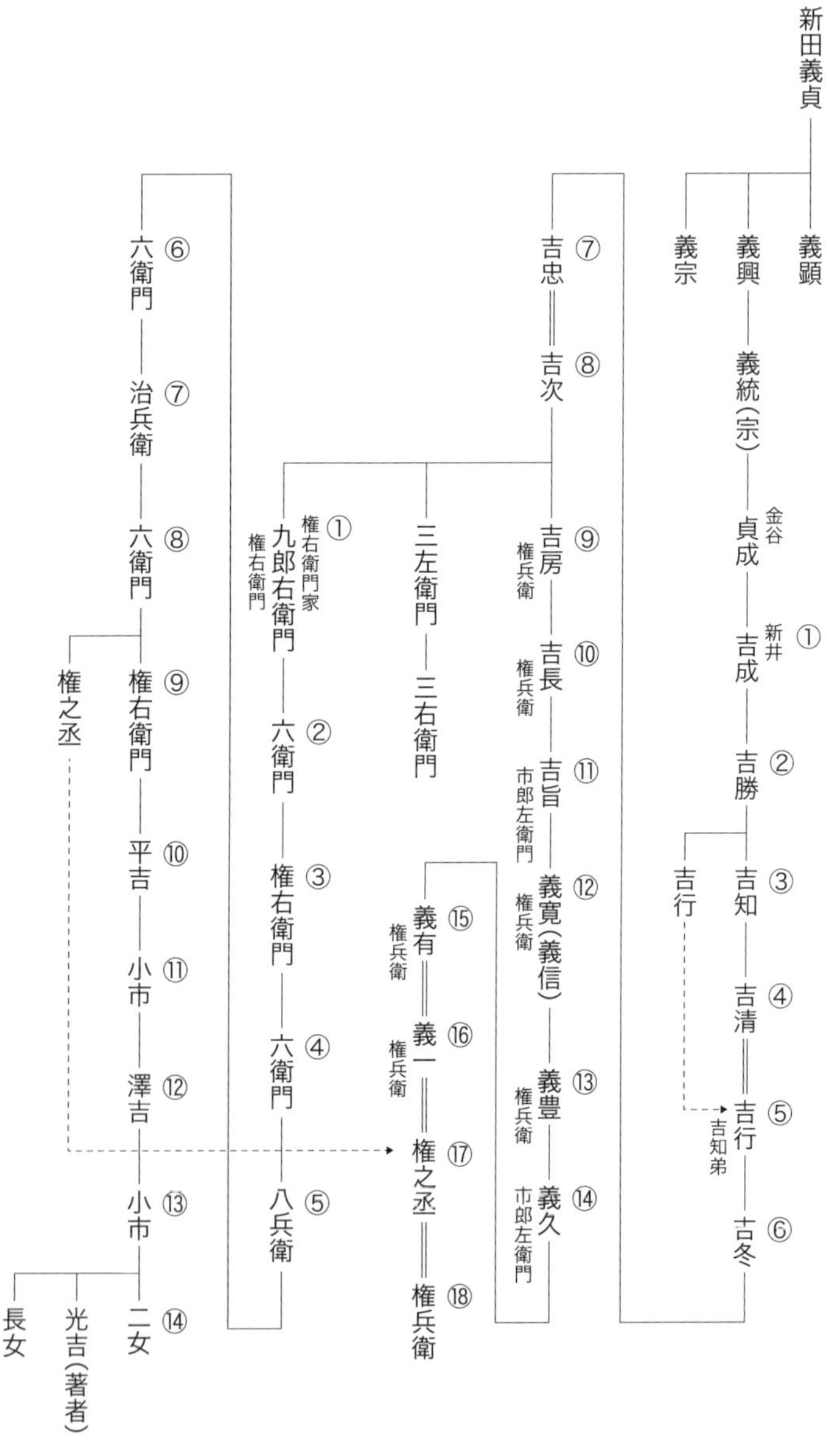

新田義貞
義顕
義興
義宗
義統（宗）
金谷 貞成
新井 ① 吉成
② 吉勝
③ 吉知
吉行
④ 吉清
⑤ 吉行
吉知弟
⑥ 吉冬
⑦ 吉忠
⑧ 吉次
⑨ 吉房 権兵衛
⑩ 吉長 権兵衛
⑪ 吉旨 市郎左衛門
⑫ 義寛（義信） 権兵衛
⑬ 義豊 権兵衛
⑭ 義久 市郎左衛門
⑮ 義有 権兵衛
⑯ 義一 権兵衛
⑰ 権之丞
⑱ 権兵衛
三左衛門
三右衛門
権右衛門家
① 九郎右衛門 権右衛門
② 六衛門
③ 権右衛門
④ 六衛門
⑤ 八兵衛
⑥ 六衛門
⑦ 治兵衛
⑧ 六衛門
⑨ 権右衛門
権之丞
⑩ 平吉
⑪ 小市
⑫ 澤吉
⑬ 小市
⑭ 二女
光吉（著者）
長女

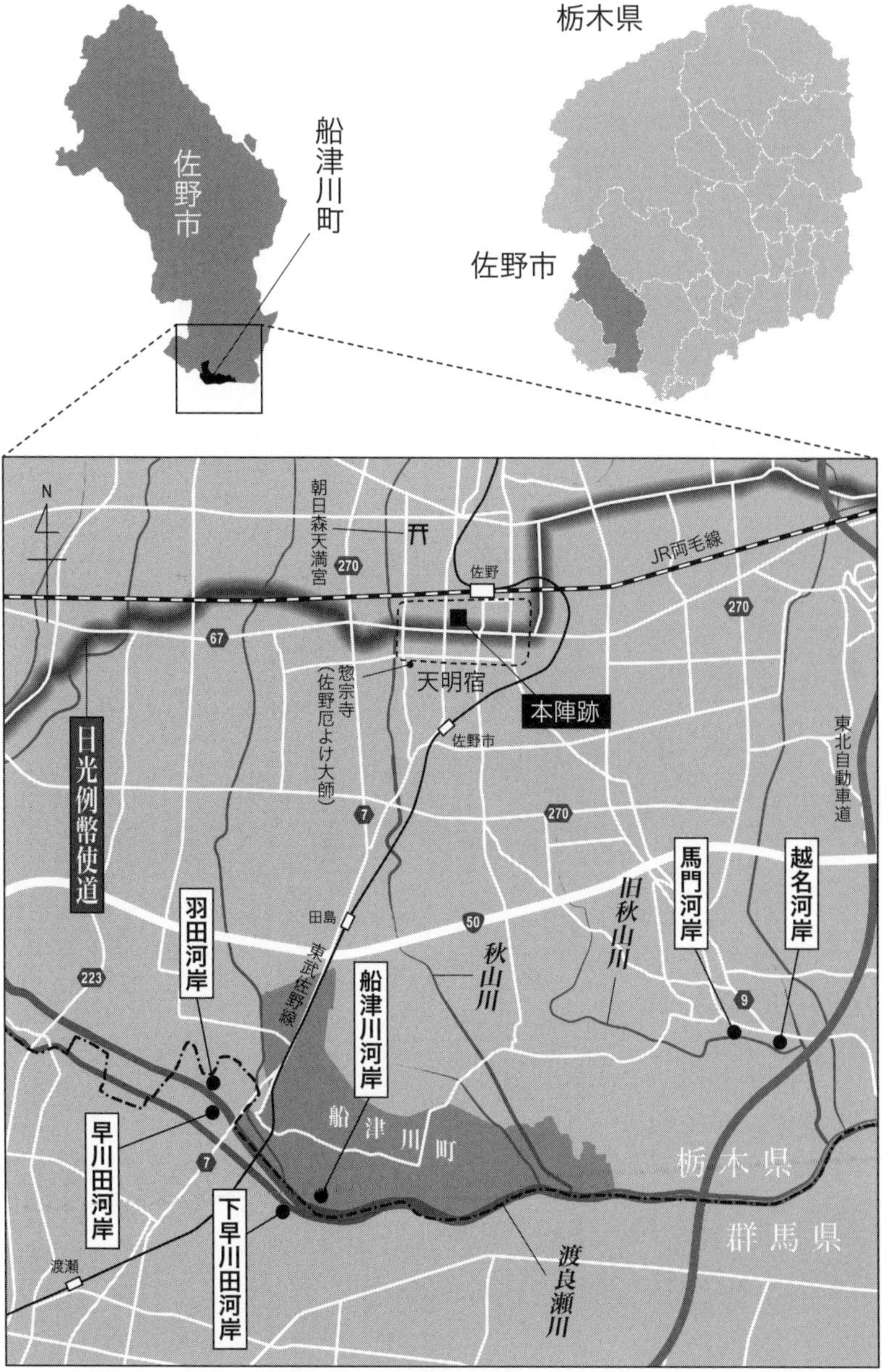
栃木県
佐野市
船津川町
佐野市
朝日森天満宮
JR両毛線
佐野
本陣跡
天明宿
惣宗寺（佐野厄よけ大師）
佐野市
日光例幣使道
東北自動車道
馬門河岸
越名河岸
旧秋山川
秋山川
田島
東武佐野線
羽田河岸
船津川河岸
早川田河岸
下早川田河岸
船津川町
栃木県
群馬県
渡良瀬川
渡瀬

関係地図

序

この「地方代官新井権兵衛覚書」（以下、「覚書」と略記）は全体で七〇頁からなるが、最初の七頁には一面に墨で落書きがあり、表紙も欠落している。そのため筆者が内容を汲み取り上記のような書名を付すことにした。この「覚書」は新井家が下野国小山藩本多家から名主に任ぜられた元和四年（一六一八）に筆を起こし、文化九年（一八一二）に筆を擱いている。内容は八代吉次から一五代義有までの八代の新井家当主（世襲名権兵衛）が約二〇〇年間にわたり代官や名主として目撃した出来事を綴った記録である。ただし、本文一頁右下の「吉旨」という朱印からも明らかなように、この覚書の作成を思い立ったのは一一代吉旨であり、正徳四年（一七一四）八月に旗本松平藤十郎定盈《さだみち》から地方代官に任命されたことが記録を残す契機となったと思われる。それゆえ、八代吉次、九代吉房、一〇代吉長の時代の記述は彼らが書き残した記録等を踏まえて吉旨《よしむね》が再録したものであり、誤写や誤りなどが若干入り込む余地も生んでいる。

　ところで、地方代官という役職は在地代官や郷代官などとも呼ばれるが、あまり耳慣れぬ言葉かも知れない。一七世紀に入ると、幕府旗本などが遠隔地の知行所を管理するために在地の大庄屋や有力名主を代官に任命し、年貢の取立てなどを任せるようになった。この地方代官は、名主である間は百姓身分であるが、領主から代官（武士）に取立てられた段階で、苗字帯刀を許され、宗旨人別も本人のみ別帳が作成される。その場合、名主の家督は必ず後継者に譲り、代官と名主の業務分担が明確にされていた。「彼らは、家として武家に取立てられたのではなく、あくまでも本人のみ一代限りの取立てで、その場合、百姓経営からは身を引くこと、またもし百姓時代に関わる訴訟が」起こされた場合には元の百姓身分で裁かれなければならなかった（熊谷光子「近世畿内の在地代官と家・村―類型化の試み―」）。もちろん、新井権兵衛家もこのような条件の下で代官職を勤めたものと思われる。

　この「覚書」は地方代官職の目から見た江戸時代の北関東の一農村における人々の生活を生き生きと描き出しており、管見の限りでは、他にあまり類例を見ない貴重な文献といえる。前述のように「覚書」の状態はすこぶる悪く、欠損や解読不能な箇所も少なくない。そこで、文意の把握を重視し、必要最小限にとどめながらも意訳や推測や省略に頼った部分もある。また、現代語訳は「覚書」の理解を高めるために「新井系図」、「新田新井系図」その他の古文書類からの情報も適宜追加したが、その部分には基本的に(*)を付しておいた。

本書の構成を紹介しておくと、以下の通りである。第一章は「覚書」の理解の助けとなる歴史的背景を解説し、第二章は「覚書」を現代語に訳し、第三章は文化九年で終わる「覚書」の追記を行い、第四章は新井権兵衛家の人々の事跡を記した新井家譜覚書を付け加え、最後の第五章は「覚書」に関わる歴史資料を参考までに掲げておいた。この「覚書」は古文書解読に熟達した京谷博次氏(安蘇史談会元会長、元栃木県立文書館古文書専門員)に翻刻をお願いし、筆者が現代語訳を試みたものである。もしこの本を手に取る機会があり、興味深いと感じて頂ける人があれば、筆者としては望外の仕合せと思います。

第一章　「覚書」の歴史的背景

一　佐野庄と船津川（舟渡川《ふなとがわ》）村

下野国安蘇郡船津川村（現栃木県佐野市）は渡良瀬川の北岸に位置し、北は田嶋村と植野村、東は飯田村と高山村、西は下羽田村と上野国邑楽郡《おうらぐん》下佐川田村、南は邑楽郡北大嶋村に接していた。同村は周囲を河川に囲まれた微高地で、高い堤防が築かれる以前はまるで水に浮かぶ平坦な細長い島のようであった。村の南端は渡良瀬川が北大嶋村境を東流し、西端は才川が南流して渡良瀬川に注ぎ、北端は菊沢川がを東流して北の氷室山から南流し村の東北端で東に流れを変える秋山川（佐野川）に合流していた。このため船津川村は往古、谷保内《やぼうち》村《むら》（湿地帯の多い台地）と呼ばれていたが、永正六年（一五〇九）九月に舟渡川村と改められ（実は一五世紀初頭）、更に元和八年（一六二二）に舟津川村と改められたという（実は延宝年間に改称）。その後、一八八九年に植野村に併合され、次いで一九四三年に佐野市の一部となって今日に至っている（「椿田堤の今昔」）。

さて、安蘇郡はすでに八世紀後半にはその名が万葉集にも登場している。また『和名抄』（高山寺本）によれば、安蘇郡は延長八年（九三〇）には安蘇《あそ》（佐野市浅沼町一帯）、談多《たみた》（旧田沼町多田地域）、意部《おぶ》（佐野市中心部から並木町・免鳥町付近の地域、あるいは君田町から高萩町にかけての地域以南の佐野市南部一帯）、麻続《おみ》（田沼町小見一帯）の四つの郷からなり、船津川村は意部郷の一部を構成していた。

その後、平安末期には佐野庄が成立する。同庄は保元の乱（一一五六）以前に摂関家領の荘園として始まり、乱後に院領となった。開発領主は藤姓足利家綱とされ、庄域は安蘇郡内の旗川東岸地域とされている。また佐野庄の地頭は藤姓足利氏の一族佐野氏で、一族の阿曽沼氏等を率いて徐々に周囲に勢力を伸張させていった。しかし、鎌倉時代から室町時代にかけて佐野庄内の阿曽沼郷や下大賀・富地・韮河などは小山氏の所領となっていた。

関東では、鎌倉公方氏満の病没（一三九八）後から成氏の鎌倉入部（一四四九）までの五〇年間に伊達政宗の乱（一四〇二）、上杉禅秀の乱（一四一六）、小栗満重の乱（一四二二）、永享の乱（一四三八〜一四三九）、結城合戦（一四四〇）など戦乱が絶えず、佐野氏は鎌倉公方側に属して戦っている。

しかも、鎌倉公方成氏が宝徳三年（一四五四）、犬猿の仲にあった関東管領上杉憲忠を謀殺したため、山内・扇谷両上杉氏との間に享徳の乱が勃発する。そして、鎌倉の館を焼かれた成氏が享徳四年（一四五五）に本拠を下総古河に移したため、北関東も激しい戦場となるに至った。以後、文明一四年（一四八二）の都鄙和睦《とひわぼく》までの約三〇年間、関東では利根川・渡良瀬川及び荒川を境にして成氏方と両上杉氏方との激しい戦が続く。当初は成氏方に付いていた佐野氏一族も文明三年（一四七一）以降、次第に離反の動きを見せる。特に佐野泰綱（一四八二〜一五六〇）は一五二〇年代に扇谷上杉氏に属しながら徐々に戦国大名としての地位を築き、舟渡川村へもその勢力を拡大するのである。

二　新井家の船津川（舟渡川）村定住

「新井系図」によれば、新井家は、新田義貞の次子義興（一三三一〜一三五九）の子孫といわれ、子の義統《よしむね》（漢字表記は義宗の可能性もある）、孫の丹波守貞成《さだしげ》（金谷経氏の一族を頼り新田郡金谷郷に住み、金谷氏を称す）と続き、次の紀伊守吉成《よししげ》（一四一一〜一四七三）が新井に改姓した時に始まる。金谷貞成には吉成以外に嶋と幾與の娘二人がいた。吉成は当初、父貞成と同じく金谷姓を名乗るが、恐らく上杉禅秀《ぜんしゅう》の乱（一四一六〜一四一七、金谷一族も加担）に巻き込まれて同郡新井郷に難を避け、新井に改姓したと思われる。

やがて吉成は「後年、故あって上野国を避け、下野国安蘇郡舟渡川郷に至り、これ以降足利家に」従うことになる。吉成も一男二女を授かったが、長女富は金谷氏に嫁しており、その頃までは舟渡川村に移っても金谷氏との絆が保たれていたようだ。吉成の長子紀伊守吉勝（延徳二年〈一四九〇〉没）は舟渡川村で生まれており、その妻の土岐万四郎妹（一四四三〜一四八九）との年齢バランスから見て一四四〇年前後の生まれと推測されるので、吉成は遅くとも永享一二年（一四四〇）頃には舟渡川村に移住していたと見てよい。

では、吉成が「上野国を避けて舟渡川村に移り住み、以後足利家に」属するに至った理由は何だろう。吉成が舟渡川村に移り住む一四四〇年前後はちょうど永享の乱や結城合戦の時代である。結城合戦時の渡良瀬川周辺は岩松持国、田中氏、佐野小太郎、高階氏、傍示塚修理亮、桃井氏の被官、加藤伊豆守等の鎌倉公方方が渡良瀬川左岸の野田の要害（高橋城）に立て籠もるなど、重要な戦場となっていた。この高橋城は舟渡川村から西へ三キロほどの距離にあり、その中間には佐河田（高階、高）氏の館（現雲龍寺）があった。佐河田氏が早川田村（現館林市）に居住するようになったのは一五世紀中頃のことである。鎌倉公方の家臣佐河田氏は、館林から渡良瀬川を越えて佐野方面に至る二つの重要な道筋の一つであった上早川田の渡河点を守るためにこの地に所領を宛がわれたと思われる。

同様の理由から新井吉成も渡良瀬川のもう一つの渡河点を守るという役割を幕府や上杉氏から期待され、杉の渡に土着したのではないだろうか。当時、佐野氏の勢力は堀米（込）以北の領域に限られ、天明《てんみょう》以南は室町幕府の直轄地となっていた。こうした勢力バランスを背景に吉成は幕府・上杉氏の誘いに乗り、「舟渡川郷に移り住み、それ以降足利家に従」うようになったと見られる。幕府も鎌倉公方方の佐野氏・舞木氏（館林）・岩松氏（新田荘）などの動きに神経を尖らせ、その監視を吉成に期待したものと思われる。また新井家二代吉勝の妻が美濃守護の土岐氏（室町幕府四職）一族の娘、土岐万四郎の妹であったことも、室町幕府との関係を強く暗示しているのである。

実際、幕府が鎌倉公方持氏の動向や各種情報を集めるために関東の土豪に所領を安堵した例は少なくない。例えば、正長元年（一四二八）、将軍足利義教は持氏を牽制するために上杉禅秀の乱に与して敗死した甲斐国守護武田信満の子信重を甲斐国に帰還させようとして澤田郷（沼津市）と佐野郷（裾野市）を与えた。しかし武田信重が佐野郷の拝領を辞退したので、佐野郷は改めて葛山氏（「文安年中御番帳」、奉公衆四番の「在国衆」）に安堵された。この親幕府勢力の育成策によって、葛山氏は以後、幕府との関係を強め、鎌倉公方の動向情報を収集して幕府に報告するという役割を担ったのである。

ところで、将軍義教が嘉吉《かきつ》の乱（一四四一）で暗殺されると、上杉氏や関東武士たちは幕府に鎌倉府の再興を熱心に嘆願し、管領畠山持国の支持も得て、一四四七年に足利成氏が鎌倉公方に就任する。そして、新井吉勝も成氏に従うことになるが、それは享徳四年（一四五五）六月の古河移座（古河公方）以降のことであろう。舟渡川村は古河に加え、佐野氏・岩松氏・舞木氏（館林周辺）など成氏方の勢力に囲まれてしまったからである。「新田新井系図」、「新井系図」は吉勝については特に触れていないが、三代吉知が「従三位左兵衛督《さひょうえのかみ》成氏に属した」と記しており、吉勝の晩年には成氏方に与していたようだ。

次の三代吉知（一四六三?～一四九三）は恐らく母の実家土岐氏一族（明智氏、石谷氏、進士氏、肥田氏など室町奉公衆も多い）を頼って京に上り、九代将軍義熙《よしひろ》（義尚《よしひさ》）・一〇代将軍義材《よしき》（義稙《よしたね》）に仕えている。しかし、将軍義材が明応二年（一四九三）二月に管領細川政元の制止を聞かずに畠山義豊の討伐を強行した際、吉知も従軍して負傷し翌年三月八日に三〇歳前後で没する。この吉知は吉成以来の従五位下紀伊守（幕府服属の恩賞か。以後この官職名を代々私称）ではなく、従五位下右京亮《うきょうのすけ》を名乗っている。それはこの官位が同じ従五位下でも、将軍（義熙か義材）から与えられたものだったからだろう。四代吉清（一四八三？〜一五〇七）と六代吉冬（一四九八？〜一五七二）も同様に紀伊守を名乗っていない。吉清は従五位下紀伊守よりも低い正六位下主税亮《ちからのすけ》を名乗ったが、これも与えられた官位だったからだろう。同様に今川義元の麾下《きか》にあった吉冬も、義元から従六位上舎人亮《とねりのすけ》の官位を与えられたものと思われる。

戦国期に入ると、堀米以北を支配地域としていた佐野氏が天明以南（豊かな穀倉地帯）へも勢力を伸ばす一方で、両上杉氏が内紛によって没落し、後北条氏が台頭する。その結果、北関東の有力国人や土豪たちもこの新しい状況への対応を迫られるようになった。

佐野氏も舟渡川村に家臣を配置し、南から佐野庄に至る渡良瀬川の渡河点、杉の渡を支配下に収めようとする。そのため永正六年（一五〇九）九月、春日岡山《かすがおかやま》（佐野天明）の鹿島神社（先祖藤原秀郷の創建）が舟渡川村押切に遷座され（大鹿神社《おおしかじんじゃ》と改名）、代官として舟渡川氏が送り込まれた。そして、船渡川氏はこの地名に因んで改姓したといわれる。

では、この地はいつ頃から舟渡川村と呼ばれるようになったのだろうか。思うに、それは杉の渡が「舟で渡る場所」としての重要性を高めた結果として生まれた呼称ではないだろうか。上杉氏と鎌倉公方との争乱が北関東にまで波及し、渡良瀬川の渡河点が重視されるようになり、そのことが村名にも反映されるようになったのだろう。とすれば、それは一五世紀初め頃のことである。新井家初代の吉成が一四四〇年頃にこの地に移ってきた時にはすでに舟渡川郷（村）と呼ばれていたからだ。

その後、船渡川氏は一六世紀半ば頃に佐野昌綱の意向で旗川東岸の足黒村（現佐野市並木町）に移されている。船渡川氏は、足利長尾氏と佐野氏が境七郷（稲岡、西場、駒場、只木、寺岡、村上、羽田）の帰属をめぐって激しく対峙する最前線の北隣に配置されたのである。この境七郷はかつて佐野氏一門の小野寺氏の所領であったが、一六世紀に入り、足利長尾氏に奪われ、更なる領地浸食を危惧した佐野氏が免鳥城を防衛拠点とし、その北側の足黒村に船渡川氏を置いたと見られる。これは新井家七代の吉忠が佐野昌綱に臣従し、杉の渡の管理を任せられるようになったという事情とも関連している。

さて、七代吉忠の嫡男佐七郎（一五七四～一六二五）は慶長一〇年（一六〇五）頃、高瀬采女《うねめの》正《しょう》（免鳥城主高瀬紀伊守の子孫か。江戸初期の舟渡川村には免鳥城を守備した佐野氏家臣が多く居住）の婿養子となり、高瀬喜兵衛と改名して邑楽郡大久保村（板倉町）に住し、合ノ川（当時の利根川流路）西岸で米の回漕業を始めた。その孫、善兵衛直房は「利根川の水は涸れても高瀬の金は尽きまい」と謳われた豪商となり、江戸の金龍山浅草寺の二体仏を初めとする多くの仏像を諸寺に寄進している。

この佐七郎が高瀬家に婿入りした時、父吉忠は一三年前に他界し、妹久良はようやく一五歳になったばかりであった。久良も一六一〇年前後に村内の谷丹波守源忠次（佐野家譜代）の嫡男兵三郎を婿に迎えている。この兵三郎も嫡男であったが、新井家に婿入りし、七左衛門吉次と改名する。谷家には次男がいたので、一人娘しかいない高瀬家の絶家の危機を救うために嫡男を新井家に差し出したのであろう。

新井家を継いだ吉次は一六一四年の佐野家改易後に土着した後、元和四年（一六一八）二月に小山藩主本多上野介から名主役を命ぜられ、長子吉房と譜代下男等三〇人以上を引き連れて舟渡川村字下の本屋敷から同字十二所（の代官屋敷）に引き移った。これは一六二六年の資料「関東下野国安蘇郡舟渡川村人名帳」でも確認できる。またその七六年後（一六九四）においても新井家には譜代の下男下女を含めて総勢二四人もの人々が屋敷内で暮らしていた（「古河領船津川村宗旨並五人組人数改帳」）。その頃、新井家は多くの下男を抱え、年貢米その他の荷物を舟で江戸に運ぶ河川舟運に従事していたようだ。しかし、享保年間に一一代新井吉旨の次子七左衛門吉遠が新井家譜代の舟運に関係する下男を全員引き継いで船津川河岸で船問屋を始め、かなり派手に各地の荷物を集めて手広く事業を展開したため、馬門《まかど》・越名《こえな》河岸《がし》からの反感を買って幕府に訴えられ、他所から荷物を集めることを禁じられてしまった(『佐野市史通史編　上』)。なお、吉次の四男兵左衛門は上野国邑楽郡飯野村の住人栗田《くりた》若狭守《わかさのかみ》の娘婿となるが、栗田家も舟運に関係が深く、後に飯野河岸《いいのがし》で船問屋を始める。また兵左衛門も男子に恵まれず、高瀬善兵衛の次弟を一人娘の婿養子に迎えている。

ところで、この「覚書」は元和四年(一六一八)の出来事から筆を起している。舟渡川村は元和二年(一六一六)に本多正純の下野国小山藩五万三〇〇〇石の領地となり、同四年二月に名主に任ぜられた新井吉次は検地の案内人を勤めるために「(小山藩の)十二所の代官屋敷?」へ移り住んだ。なお、権兵衛家の家門は井桁を本紋とする吉次以降の新井家子孫のことを言い、権兵衛の名は吉次の長子吉房以降の新井本家の世襲名となった。

新井家は元禄一〇年(一六九七)以降、旗本松平藤十郎家知行所の名主・代官を勤めることになる。藤十郎家初代の定知(一六四五~一七〇八)は、伊勢桑名藩主久松松平定勝の六男定政(三河刈谷城主、一六五一年に無断出家後に永蟄居)の長子で、延宝元年(一六七三)一二月一九日、父の死後に蔵米知行一五〇〇俵(一五〇〇石)の旗本に取り立てられ、元禄一〇年(一六九七)の御蔵米《おくらまい》地方直令《じかたなおしれい》により下野国安蘇郡内で一五〇〇石(船津川村七五五・五石、浅沼村五〇五・七石、赤見村二五五石、小見村、戸奈良村、田沼村?)の知行取りになった。しかし、定知は同年一二月に致仕したので、実際の知行取りは次の定盈《さだみち》からで、屋敷も木引丁《こびきちょう》から築《つき》地《じ》鉄砲洲《てっぽうず》に替わった。定盈は寄合から使番を経て御先手《おさきて》鉄炮頭《てっぽうがしら》を勤め、与力六騎・同心三〇人を預かった。定盈は元禄一一年、新井権兵衛屋敷内に知行所の代官屋敷を設け、家老の岩崎文右衛門、金子与左衛門、代官の佐野利衛門を置いたが、実務は名主の新井吉旨に任せた。やがてその行政手腕に満足し、定盈は正徳四年（一七一四）八月、吉旨を六か村の地方代官職に任命し、家臣を全員江戸に引き上げさせた。以後一二代義寛、一三代義豊の三代七〇年間にわたり、新井家が地方代官職を勤めることになる。

三　江戸時代の船津川（舟渡川）村の領主変遷

船津川村は戦国時代後半に佐野氏の支配下に入るが、慶長一九年（一六一四）の佐野氏改易で天領となる。次いで元和二年（一六一六）に下野国小山藩五万三千石の本多上野介正純の領地となるが、正純が元和五年に加増されて宇都宮に移封されるに伴い宇都宮藩領となった。しかし、元和八年の正純の改易により再び天領となる。その後、寛永三年（一六二六）、「寛永の地方直し」により稲葉丹後守正勝（一五九七～一六三四、寛永元年に常陸国新治郡柿岡藩一万石、同五年真岡藩四万石）の所領となったが、寛永一〇年四月七日、土井大炊頭利勝（一五七三〜一六四四）が一六万石余をもって下総国古河に入部すると、古河藩領となる。

この土井家は以後五代まで古河藩領を治めたが、利益が天和元年（一六八一）に鳥羽志摩藩へ国替となり、船津川村は古河藩一三万石で新たに入部した堀田筑前守正俊の領地となった。しかし、貞享元年（一六八四）八月、正俊が稲葉正休《まさやす》に暗殺されると、嫡男下総守正仲が双子の弟正虎に二万石（下野大宮藩）、正高に一万石（下野佐野藩）をそれぞれ分知して、残りの古河藩領一〇万石を継承し、船津川村も引き続き古河藩領となる。その後、貞享二年（一六八五）、正仲は出羽山形へ移封され、松平日向守信之（老中）が大和郡山から下総古河領に転封となり、船津川村もその領地となった。信之は翌年に没し、嫡男日向守忠之が古河藩領を就封したが、元禄六年（一六九三）一一月二三日に改易となり、再び天領として短期間代官に支配される。翌年一月七日には松平伊豆守信輝が川越から古河に入部し、船津川村は再び古河藩領となった。だが、元禄一一年春に船津川村は再度天領となり、幕府代官平岡次郎右衛門の支配地となるが、同年七月一日の「元禄の地方直し《じかたなお》」の実施によって旗本六家と天領の七給となり、明治維新までほぼそのままの状態が続くのである。

第二章　「覚書」現代語訳

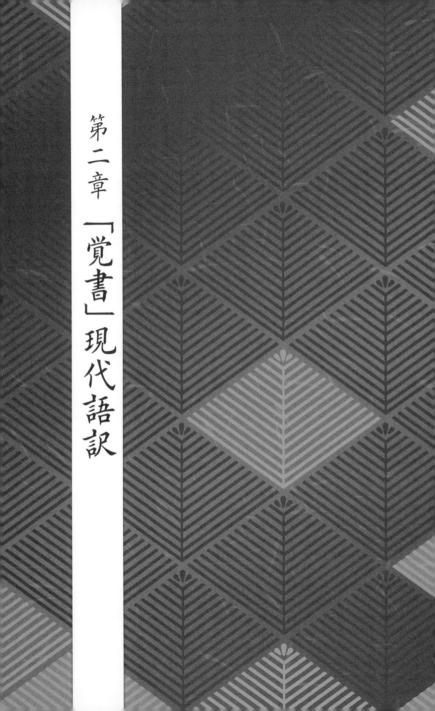

以下の文章は『覚書』の現代語訳である。原文にできるだけ忠実に従いながら、解読困難な部分を含め極力読みやすくなるように努めた。そのために他の資料に基づく推測に頼ったところもある。その部分は基本的に以下のような記号を用いて判別できるようにした。すなわち、①「*」は筆者の追記、②［　　］は解読不能な部分、③［……］はほぼ確実に解読できた部分、④［……?］は多少疑問も残る部分、⑤（……）は筆者の注釈や補足文及び原文では省略されているが推定可能な部分、⑥（……?）推定可能だが、多少疑問も残る部分、である。なお、原文では名前のみで苗字が省略されることが多いが、筆者の知見からほぼ確実と思われる人物は特に断らずに苗字を付記しておいた。

一　名主七左衛門吉次の時代（一六一六〜一六五一）

小山藩主本多上野介正純様の御陣屋が舘野村（現佐野市、安蘇郡下舘野・吉水新町の舘野城・侍屋敷）に置かれた。（元和二年〈一六一六〉の出来事か？＊）

元和四戊午年（一六一八）小山藩主本多上野介正純様のご家老武井九郎右衛門殿がこの年、田畑の検地を行い、その結果、舟渡川村の総石高が一五六三石五升と定まる。

二月、新井七左衛門吉次が小山藩主本多正純様から名主（「郷民の支配庄官」）に任ぜられる。これに伴い、吉次は舟渡川村字下の本屋敷から同村字十二所の屋敷（代官所、あるいは出張陣屋か？＊）へ引き移る。（長子権兵衛吉房は四歳、次子三左衛門以下は誕生前）。その後、新井本屋敷には名主鈴木六左衛門（半兵衛）が入る（「新田新井系図」「新井系図」、「船津川村絵図〈福地家文書〉」）。＊

元和五戊午年（一六一九）本多上野介正純様が御加増により宇都宮に転封となり、舟渡川村も小山藩領から宇都宮藩領となる（「福地家文書」）。＊

元和七丁酉年（一六二一）医王山宝光寺の取立（建立）（字十二所への移築建立か？・＊）。この寺は新井権兵衛の先祖紀伊守義忠（吉忠、一五九三年没）様が（舟渡川村字ドに？・＊）建立した（父吉冬の三回忌〈元亀四年〉か七回忌〈天正五年〉の菩提を弔うために建立？）。『安蘇郡植野村郷土誌』には創建は元和二年〈一六一六〉、開山は尊海上人とされているが、創建時期は更に二〇〇年ほど遡れるという伝承も付記されている＊）。

元和八壬戌年（一六二二）本多上野介正純様が失脚し改易となり、舟渡川村の領地はすべて天領となり、大河内孫十郎久綱殿（知行地は武蔵国高麗郡七一〇石）と小林重郎左衛門殿が御代官に任命された。

寛永三丙寅年（一六二六）（御代官が？・）隠岐丹後守様になる。植野村も（支配地として）預かり、「御代官に？・」就任した。

当年中に舟渡川村は植野村と共に小田原藩稲葉丹後守正勝様（八万五千石）の領地となる。福地帯刀智久が舟渡川堤肝煎《きもいり》、庄兵衛が名主に任命される（「福地家文書」）。＊

（三男・新井九郎衛門〈権右衛門〉が舟渡川村字十二所で生まれる）＊

寛永七庚午年（一六三〇）万福寺が建立され、別当寺となって六か所の神社を管理することになった。

寛永一〇癸酉年（一六三三）四月七日に舟渡川村は、土井大炊頭利勝様が一六万石余で下総国古河に入部したため、古河藩領となる（天和元年〈一六八一〉まで）。御城代は土井内蔵助殿、御家老は寺田与左衛門殿、御代官は寺田九右衛門殿である。

寛永一二乙亥年（一六三五）村内字下の光福院《こうふくいん》と字上の地福院《じふくいん》が建立される。

慶安四辛卯年（一六五一）六月二九日に新井七左衛門吉次様が享年五九歳で死去された。法名は眞光院榮山清琢居士と申し上げる。

二　名主吉房の時代（一六五二〜一六七四）

承応元壬辰年（一六五二）鈴木七太夫様が古河藩土井家の舟渡川村代官に任命された。

明暦二丙申年（一六五六）古河藩土井家の舟渡川村代官が吉田金太夫様と交代になった。

寛文三癸卯年（一六六三）二月一七日、新井七左衛門吉次様の妻久良様が他界された。法名は回成院春山妙詠大姉と申し上げる。実父は紀伊守義忠（吉忠）様である。

寛文四甲辰年（一六六四）古河藩土井家の舟渡川村代官が川井市郎左衛門様に代わり、田方検地・畑方検地が実施された。

寛文七丁未年（一六六七）古河藩土井家の舟渡川村代官が賀成十兵衛様と交代になった。

寛文一一辛亥年（一六七一）古河藩土井家の舟渡川村代官が馬（眞）庭安左衛門様に代わった。

寛文一二壬子年（一六七二）賀成十兵衛様が古河藩土井家の舟渡川村代官に再就任された。

延宝二甲寅年（一六七四）七月一〇日に新井権兵衛吉房様が死去された。法名は光照院覚翁道琢居士と申し上げる。享年は六三歳。

三　名主吉長の時代（一六七五〜一六八三）

延宝四丙辰年（一六七六）九月に大鹿神社《おおしかじんじゃ》を建立する。金百十両余、同九月二八・二九日、□抱に□羅を行った。当年「　　」年六月一五日に別当の万福寺が酒を村中に振る舞い祝った。

延宝五丁巳年（一六七七）古河藩土井家の舟渡川村代官に笹川八郎左衛門様、手代に田村八郎左衛門様と小川傳右衛門様が任命された。

延宝七己未年（一六七九）公方徳川家綱様が御逝去された。館林城主右馬頭綱吉様が家綱様のご養嗣子になられ、八月二三日に将軍宣下をお受けになられた（延宝八年の出来事の誤記か*）。

延宝八庚申年（一六八〇）船津川村（延宝年間〈一六七三〜一六八一〉に舟渡川村か

ら改称される）で大水が出て村中の田畑が残らず洪水の被害を受けた。

天和元辛酉年（一六八一）御領主が古河藩堀田筑前守正俊様となり、船津川村も古河藩領一三万石の一部となる。御家老は若林［善］左衛門殿、代官は毛□□□衛門、手代は「　　」「　　」である。

天和三癸亥年（一六八三）閏五月二八日に公方徳川綱吉様の長子徳松様が五歳で逝去され、六月に館林城の引き渡しが行われた。

四　初代代官吉旨の時代（一六八四〜一七二五）

貞享元甲子年（一六八四）私（吉旨）は同行者六人と共に西国巡礼の旅に出た。八月二八日、御領主堀田正俊様が稲葉正休に刺殺された。長子・下総守正仲様が家督を相続し、双子の弟正虎様に二万石、正高様に一万石（下野国佐野藩）を分知したうえで、残りの古河藩領十万石を継ぎ、船津川村も引き続きその領地となった。*

貞享二乙丑年（一六八五）堀田正仲様が出羽山形へ転封となり、松平日向守信之様（老中）が大和郡山から下総古河に高八万石で入部され、船津川村の御領主となった。御城代は山村縫殿（一三〇〇石）、御家老は砂□六郎左衛門（千石）、郡代は中村又右衛門（一〇〇石）、郡奉行は村井仁左衛門・杉原安右衛門・木部四郎右衛門・［佐藤久兵衛］、代官は□山□□兵衛、手代は□内門兵衛である。

貞享三丙寅年（一六八六）古河藩松平日向守様が船津川村の新田新畑に対して改めて検地を行った。

七月二二日、松平日向守信之様がご逝去され、嫡子日向守忠之様が家督を継がれた。

元禄元戊辰年（一六八八）七月二一日に隣村境を流れる才川の君田堤が大水で押し切られ、船津川村中が水害を被った。

元禄己巳二年（一六八九）私（吉旨）は閏正月から君田堤が決壊した後の普請を嘆願するために江戸に（他村の村役人たちと）一緒に詰めた。まず君田村の領主・旗本萩原彦治郎様へ、その後で近江守様へ嘆願に参上した。一緒に参った者は君田村が属する植野村名主久兵衛、赤坂村名主九兵衛、田嶋村名主惣左衛門・武三、飯田村名主彦兵衛、船津川村名主の私（市郎左衛門吉旨）であった。

元禄五壬申年（一六九二）この春、それまでの嘆願が聞き届けられ、君田堤の決壊で被害を被った五か村の被害状況を陳情することができた。御臨席の方々は、御奉行が堀田兵部様、手代が島田庄左衛門様、古河藩の御手代が斉藤六郎兵衛様であり、また御勘定方が曽根吉右衛門殿、御目付が篠木弥右衛門殿と［　］左衛門殿、さらに御代官が竹村惣左衛門殿と平岡三左衛門殿であった。

元禄六癸酉年（一六九三）二月に椿田水（路堤？）の普請担当に古河藩の御奉行並びに山方御奉行の喜多川次左衛門様が任命された。

一一月二三日に御領主古河藩主松平日向守忠之様が御改易になり、同月に上州高崎藩主の安東右京様が古河城をお受け取りになり、天領となった知行地は御目付中根左兵衛殿・田口□衛門殿、御代官竹村惣左衛門殿、平岡三郎右衛門殿が支配することになった。

元禄七甲戌年（一六九四）一月七日に松平伊豆守信輝様が武蔵国川越から高七万石で古河へ入部され、船津川村は引き続き古河領となった。御家老は湯浅善左衛門、和田利兵衛、小畑助左衛門、田中市兵衛、郡代は松田権太夫、郡奉行は安松金右衛門、堀江忠右衛門、代官・割元（代官・郡代と庄屋の中間、身分は士分に準ずる*）は柴山惣兵衛、古野政右衛門、大田郷衛門、手代は渡邊八兵衛、高坂傳六、渡部宅衛門、高木［逸］平、高柳義介である。

御奉行は小田市太［郎］と吉□九右衛門、手代は小川仁兵衛、長谷川久兵衛、本沢彦太夫、鈴木久左衛門、渡部権太夫であった。

元禄八乙亥年（一六九五）八月に船津川村の葭原・草野新田に対して改めて検

地が実施された。

元禄一〇丁丑年（一六九七）七月二六日、幕府は御蔵米地方直令《おくらまいじかたなおしれい》を発令し、五〇〇俵以上の蔵米取の旗本を知行取へと変更する方針を打ち出した。地方直は翌年七月にほぼ完了する。旗本松平藤十郎家も下野国安蘇郡内で一五〇〇石の知行取りとなった（『徳川實紀　第六巻』）。*

元禄一一戊寅年（一六九八）この春から船津川村は天領となり、平岡次郎右衛門（勘三郎）殿が幕府御代官となり、松林利左衛門、込山勘平、赤坂助［左衛門］がその手代となった。

七月一日に平岡次郎右衛門殿から御廻状が参り、知行割をなさり、［　　］においてこれまでの一一か村を分割することになった。七月一五日まで当役所（新井権兵衛宅か）に逗留なさって引き渡しを行い、その後は馬門村名主七右衛門役所において残らず知行割をお決めになった。船津川村の知行割の覚書は以下の通りである。

一　高二三三石五斗二升四合二勺　隠岐五郎太夫様
代官□山左衛門　　名主福地太左衛門
一　高一一二石九斗二合　花井源次郎様
家老□□仁左衛門　小林仲右衛門　名主金子五左衛門
一　高一六九石三斗五升一合五勺　黒澤杢之助様
家老及川多四郎　馬場□□衛門　名主鈴木六左衛門
一　高五六石四斗五升八合　山内主膳様
代官□佐源介　名主金井田与右衛門
一　高五二〇石九斗九合八勺　松平助太夫様
家老川村権右衛門　井□瀬兵衛　代官□□助兵衛　名主大槻七左衛門
一　高七五五石四斗六升四合三勺　松平藤十郎定盈様
家老岩崎文右衛門　金子与左衛門　代官佐野利右衛門　名主新井市郎左衛門
吉旨
合計一八四五石六斗一升二合六勺
内一五六二石五斗　先高（従来の高、出来は新しく検地によって検出された増加分*）

二八五石一斗一升二合六勺は新田新畑小物成の永高になるので、この高に「依らない」。

五月三日　私（吉旨）の父上権兵衛吉長様が病死された。享年六四歳で、法名は明鏡院観松常徳居士と申し上げる。（家系図では七月一日に死去）

六月　東叡山寛永寺の根本中堂の御建立（この年八月に上野寛永寺の根本中堂が落成、九月三日に落慶法要*）、二月に当所で「　」の葺き替え？

元禄一二己卯年（一六九九）江戸本所五ツ目の天恩山五百羅漢寺で千僧供養が催された。

七月一日に松村半兵衛様（がお出ましになった？）

八月五日に南東から大風が吹き、民家が損壊し、大水が出て田畑が大きな被害を受けた。

元禄一三庚辰年（一七〇〇）春に穀物価格が高騰し、金一分で米は一斗四升余、麦は二斗八～九升から三斗余で取引された。

四月、大猷院《たいゆういん》（徳川家光公）五〇回法会のために日光代参が行われた（松平讃岐守頼常が日光代参使を命ぜられている。この記述は松平藤十郎定盈がその随行員となり、名主新井吉旨も御供として奔走したことを示している*）。

六月一五日から八月末まで京都嵯峨野の清凉寺が釈迦如来立像のご開帳を行った。

元禄一四辛巳年（一七〇一）二月に村境の菊沢川に架かる天神橋と関根橋の橋板取替が行われた。

四月・五月の日照りで田植えができず、近隣の家々では春の土用（旧暦四～五月）を待ってようやく田植えを行った。

三月一五日から五月一五日まで信濃善光寺の如来仏が江戸の谷中で御開帳になった。

六月一九日から大水が出て水害を被り、翌二〇日（まで続いた?）。

七月二一日朝から七つ（夕方四時）まで雨が北東から強く吹きつけるように降り、暮れ九つ（午前〇時）まで西から大風が吹いた。昼四つ時（午前一〇時）からは船津川村の田畑のすべてが水に浸かり、同二二日の昼七つ時（午後四時）になってようやく水が徐々に引き始めた。

八月一八日、東南の風が吹き、大雨で翌一九日朝には家の中まで浸水し、ようやく昼七つ時から水が引き始めたが、すべての田畑が大きな損害を被った。

元禄一五壬午年（一七〇二）二月中は快晴が続いた。春日岡山惣宗寺（佐野市所在）の僧正様が八八歳の米寿を迎え、お守りが（売りに）出された。

二月二八日の明け方から南西の方角にハタ雲（旗が空にたなびいているような白く長い雲）が現れた。この雲は二月を過ぎてからも六・七日間も出現した。

一〇月一日から東南の風が吹いて大雨が降り、二日からは川が満水状態になり、三日の朝には君田堤が一八間（三二・七メートル）余にわたって押し切られ、船津川村字下の堤防も一七〇間（三〇九メートル）にわたって切断された。西風が吹いて［大雨?］が降り、特に刈り取って田に干してあった稲が皆、水によって押し流されてしまった。そこで、御領主様方へその旨を申し上げたところ、松平助太夫定寛様は流失分についてはすべて年貢納付を免除して下さった。隠岐九郎太夫様も百石につき五分ずつの免除を認めて下さった。しかし、それ以外の御領主様は免除を拒否なさった。麦作の分も船津川村の収量は平年の半分以下になり、特に堤外の畑分は皆腐ってしまい、種を蒔き直した場所でも半石の収穫もできなかった。

元禄一六癸未年（一七〇三）二月中、堤防の決壊部分を普請して頂くために旗本六給知行所の名主たちが江戸へ出府して、御評定所へ嘆願申し上げたところ、比企長左衛門殿と申される御代官が御吟味役を仰せ付けられることになった。御代官比企様が君田堤、船津川堤の御改目録をご吟味なさることになったので、江戸まで持参していた書類を提出し、（我ら名主たちは）江戸から船津川村に戻って結果を待っということで了承したが、なかなか結果の知らせが来なかった。そこで、再度四月中に名主二名が江戸へ参上し、様子を詳しく申し上げたところ、内□□□村に都合が悪いわけがあるので、嘆願は叶えられないとおっしゃって、決着がつかなかった。

五月から六・七月まで船津川村は厳しい日照りの日が続いた。

宝永元甲申年（一七〇四）二月中から当村の（医王山宝光寺境内に）薬師堂を建立した。大工は佐野天明町の八郎兵衛と申す者で、船津川村の大工を指図して仕事を進めた。宝光寺住職慶尊が奉［加帳］を持って村内を自ら回って寄進を募り、金六〇両余、他村の寄進と合わせて八〇両余りを集めた。

六月二七日の明け方から大雨が降り、二九日には大水が出た。船津川村堤防の大部分が損壊し、君田村の堤防も前方が押し切られ、共に六か所が切断されるなど、以前にもなかったような大洪水となった。北大嶋村境の赤城大明神様（渡良瀬川左岸、現船津川小学校跡地内に鎮座）も押し流され、堤防一二〇間（二一八メートル）余が決壊し、田谷村（北大嶋村の南）では六人の死者が出て、田畑も皆大きな被害を受けた。

一一月二五日の晩に大地震が起き、江戸城の石垣が皆破損した。町家もだいぶ被害を受けたという話が聞こえてきた。

一二月には雹《ひょう》が降り、また夜昼三・四度ずつ毎日、地震が起きた。さらに大水によって近隣の国々では堤防が広範囲にわたり決壊した。そのため御公儀から御普請を行うようにとの御下命があり、御代官今井九右衛門様と比企長左衛門様が下野・上野・常陸を含む関東全域を御検分なされることになったので、船津川村と君田村の堤防についても他村と一緒に嘆願することになった。そこで、一一月二七日に武州熊谷領の小泉村へ参り、嘆願書を提出したところ、改めて江戸において嘆願を行うようにと申し渡され、いったん船津川村に戻った。そして、関係者一同は事の次第を知行所の御領主様方へもお知らせ申し上げておいた。

宝永二乙酉年（一七〇五）二月一八日に今井九右衛門様が御普請所を見聞なさった後、北大嶋村にご宿泊なされ、その後に足利町へ戻ってお泊りになる際に船津川村新田へも出張してこられた。北大嶋村からの言上は、堤が切れたという事情があったので、そのことを申し上げ、また君田堤についてもお尋ねがあったので、（修復の）嘆願を申し上げた。田嶋村は毎度のことなので、嘆願の準備を差し控えていたが、この際他の村と一緒に嘆願を行うべきだという意見に変わり、同道して足利町に参り、口上書を御代官様へ提出したところ、確かにお聞き届け頂くことができた。また二月二八日には比企長左衛門様が足利から巡回して来られ、北大嶋村にご宿泊なされた。二九日朝に再び田嶋村の村民と一緒に、ご宿泊先の北大嶋村の吉之丞宅において（御代官比企様に）君田堤（修復）の嘆願を申し上げたところ、君田村とも良く相談するようにと申し渡された。そこで、君田村と相談することになり、その相談中の三月二日にその件について館林の御陣屋へ参ってお願い申し上げたところ、今度は御公儀へ直接に嘆願するようにと申し渡され、同四日に三か村の名主が江戸へ一緒に参って嘆願したところ、やっと願いが叶えられた。

三月二六日に村々の堤防の切断箇所や欠落場所について、御領所（幕府直轄地）の御代官比企長左衛門様が北大嶋村の普請をするようにと（三か村に）お命じになったので、広堤の欠落している一か所を船津川村が引き受け、残りの箇所は館林町の者が割り当てられた。御奉行・御陣屋水方の神岡加平治殿が広堤の欠落箇所（の修復費用）に金二九九両と鐚銭《びたせん》（鐚銭四文＝永楽銭一文）八六四文を下さった。右の分は人足一人につき永楽銭二〇文（鐚銭で八〇文）ずつを支払い、入用の竹や木など諸々の経費を差し引いた後に残額が一〇九両、鐚銭八八〇文となった。そこで、村中へ高二石につき永楽銭五九文ずつ四分割（三か村と北大島村）して引き渡した。こうして閏四月にはすっかり（修復工事の）始末をつけることができたのである。

閏四月一〇日から君田村の堤防切断箇所の普請が始まった。七月一三日まで御代官の比企長左衛門様と今井九右衛門様の御両人からご下命を受け、長左衛門様の手代が奉行を仰せつけられて館林にお出ましになり、また水方御奉行として早川彦右衛門様・石川惣八郎様の御両人がお出でになった。そのご宿泊先は椿田の名主福地太左衛門宅（椿田城跡）であった。

君田堤決壊の修復費用目録覚え

一　金八八七両二分及び永楽銭二二〇文、見積り人足費用

この人足は延べ四万四三七六人、一日一人当たり銀一匁二分を支給

一　金四二九両、萱・笹・竹の代金

この萱・笹は一万四〇四〇束、うち萱は九三六〇束、笹は四六八〇束（但し長さは三尺）

右の内

金二九五両及び永楽銭二三〇文

これは人足一万四七六一人半の費用　君田村
金二六九両三分及び永楽銭一五〇文
これは人足一万三四九五人の費用　田嶋村
金三一〇両三分及び永楽銭二一〇文
これは人足一万五五四八人の費用　船津川村
金二四二両二分及び永楽銭一九〇文
これは人足一万二一三四人半の費用
これらは比企長左衛門様の御支配所の村々からやって来た人足の分
金七三両一分及び永楽銭八二文　萱代
この萱は二二〇〇束　一束につき銀二匁ずつの支払い
金二〇両及び永楽銭一〇三文　笹代
この笹竹のうち　笹竹四八一束　値段は一両で五〇束
唐竹二〇一四本　値段は一両で九八本ずつ
これは（堤の）大規模な決壊部分の修復のためのもので、長さ五〇間（九〇・九メートル）・馬踏み（堤防の上を人馬が通行できるように平らにした部分）二間（三・六メートル）・高さ二間（三・六メートル）・水下（水勾配を取った時の一番低い部分）二丈五尺（七・五八メートル）の費用と資材であった。金五七両一分及び永楽銭九〇文　これは（堤の）大規模な決壊箇所から君田村北部の間で実施された工事費用である。修復工事は小さな決壊箇所五六か所に対するものであった。

以上、総費用額は一二六九両二分及び永楽銭五五文である。これらは人足五万八八〇六人、萱二二〇〇本、笹竹四一一束、唐竹二〇一二本、などの費用であった。

右の金額を差し引いた残金が四六両三分及び永楽銭二一五文であったが、これらは村々へ渡されなかった。

外

人足が二〇〇〇人余。これは、六月二八日の大水で川の水位が満杯となり、長さ一五間（二七・二七メートル）余、高さ五尺（一・五メートル）余にわたり、西は口の岸まで、東の市?まで、堤が崩落した箇所の工事に使用された。これらは三か村が工事を行ったが、人足の賃金を（御公儀が）下されなかったので、四四〇人分の賃金費用を船津川村が負担することになった。その負担分は船津川村人足へ支払われるはずだった賃金から三三両一分及び永楽銭六六文が差し引かれ、同様に田嶋村でも三八～三九両が差し引かれたが、君田村に対しては差し引きが一切行なわれなかった。

宝永三丙戌年（一七〇六）私（吉旨）の自宅屋敷の座敷を改築した。

宝永四丁亥年（一七〇七）日光山修学院の僧正様が村内字下の鈴木半兵衛宅へお越しになり、私（吉旨）の屋敷へもお立ち寄りになった。

宝永五戊子年（一七〇八）三月一六日に私（吉旨）は京都見物に出掛けた。宝光寺の隠居慶尊も同行した。吉三と自分も含めて総勢五人連れの旅であった。五月二五日には村に戻ってきた。しかし、慶尊の弟子・宣仙が京都からの帰り道、武州草加町で五月二五日に急に死去するという災難に遭遇した。

宝永六己丑年（一七〇九）御領主松平藤十郎定盈様が御先手鉄炮頭《おさきててっぽうがしら》に就任し、与力六騎・同心三〇人を預かることになった（正徳四〈一七一四〉まで）。定盈様は翌年、木引丁から築地鉄砲洲へ屋敷替となる。＊

宝永七庚寅年（一七一〇）正月一七日に五、六人の村民が村を抜け出したので、追いかけて西岡村（現邑楽郡板倉町）へ留置しておいたのを、後日、新井源八郎（私吉旨の三男）と私（吉旨）が新井市之丞を頼んで一緒に引き取りに行った。

二月一日の夜、村内字下の太左衛門の娘と川入山光福院の住職正空が密通し、太左衛門が両人を切り殺した。娘の親族三人が出頭してきたので、私（吉旨）が公事（裁判）を行い、事実関係に間違いがないことを確認した。両人の死体は免鳥村の穢多を呼び出して同じ穴に一緒に埋めた。

一二月六日、新井兵右衛門吉道（後に保房、吉旨次弟）の貸家で火伏（火除け）の行事を行った。

正徳元辛卯年（一七一一）正月一八日、日待ち（旧暦一・五・九月の一五日または農事の暇な日に講員が頭屋《とうや》に集まり、斎戒して神をまつり徹宵して日の出を待つ行事*）を行った。そして船津川村字十二所の住民全員を残らず権兵衛屋敷に招待した。

五月一一日、万福寺住職の隠誸坊様が遷化された。

九月一九日、新しい僧侶が万福寺の住職に就任した。

正徳二壬辰年（一七一二）正月一〇日、万福寺の客殿修理に立ち会う。金六両で廻り鴨居全部を修繕し、大工の工事代金を全額支払った。

二月二八日、植野村天台宗成就寺（現佐野市植野町）の隠居僧国が椿田へお越しになった。春日仏師作の慈覚大師像（春日慈覚御作）を祀る寺の建立を勧進するので、お堂を立てる支援をして欲しいと申され、村民も真剣に相談し合った。

二月八日、福地家の椿田観音堂の地鎮祭を行った。

六月二五日の晩に下女が木屋（薪炭類を入れる小屋）で縊死した。この女は邑楽郡正儀《しょうぎ》内村《うちむら》の安衛門と申す者の娘であった。人を遣わして詮議を行った結果、特に原因があった訳ではないということで決着がつき、本日、親が娘の遺体を引き取り連れて帰った。

七月一六日の晩、宝光寺の薬師堂から出火があり、本堂伽藍が残らず焼失した。薬師堂は三間（五・四五メートル）四方の建物で、本尊はもちろん持ち出せなかった。客殿は長さが九間半（一七・二七メートル）、横が四間半（八・一八メートル）、廊下は長さが三間（五・四五メートル）、横が二間半（四・五五メートル）、庫裡（寺院の厨房）は長さが八間（一四・五四メートル）、横が四間（七・二七メートル）、馬屋は長さが三間半（六・三六メートル）、横が二間半（四・五五メートル）の広さで、宮殿の戸障子だけは残さずほぼ全部持ち出すことができた。

八月一九日、東南の方角から嵐[が襲ってきて]、私（吉旨）の屋敷の座敷地形《じぎょう》（基礎）は一尺三寸（三九・四センチ）ばかりを残すのみとなった（?）。

正徳三癸巳年（一七一三）三月六日に宝光寺第二世住職で隠居の慶尊が遷化した。

五月二八日に私（吉旨）の次男七左衛門吉遠（新屋敷、後に名主、河岸問屋）が無断で他出したので、四方を探し回ったところ、吉兵衛の子で神田に住む彦兵衛を訪ねて江戸へ行っていることが分かり、連れ戻した。

六月七日、館林祭りの日に激しい落雷があった。足次村（現館林市）の爪屋へ大勢の村民が行ったところ、雷が落ち、早川田村（現館林市）で三人、上羽田村（現佐野市、船津川村の西隣）で二人、高橋村（現佐野市、上羽田村の西隣）で一人、合わせて六人が死亡した。その外に雷雨で寝込む者・半死半生の者が大勢出た。

正徳四甲午年（一七一四）三月一九日に私（吉旨）の母上（父吉長妻）が逝去された。法名は究境院性海良忍大姉と申し上げる。

七月一四日、江戸から御領主松平藤十郎家の家老金沢小衛門殿が私の屋敷（権兵衛屋敷）にお越しになった。今年から三年間、松平藤十郎家知行所の百姓たちが食糧支給をお殿様にお願いしようと集まって相談していたからである。その結果、二年間の食糧支給が認められた。（この決着により）ご家老は一七日に江戸へ戻った。一方、米（田方）については定額の年貢（定免法）を納めることになった。

八月、私（吉旨）は松平藤十郎定盈様から同家知行所六か村（船津川村七五五・

五石、浅沼村五〇五・七石、赤見村二五五・一石、小見村、戸奈良村、田沼村?・*）の代官職を申し付けられた。

九月四日、私（吉旨）は供を連れて秩父へ巡礼に出掛けた。同行者は六人で、同月一二日には参詣から屋敷に戻った。

一一月一三日に新井兵右衛門吉道（吉旨次弟）が馬の脚を骨折させた。吉道が私（吉旨）の二男七左衛門吉遠に馬を貸した際に起きた事故である。

九月二日、宝光寺の宮殿奉加（寄付）を募るために代官屋敷（権兵衛屋敷）の庭に村民を集めて素麺を振舞った。

一一月三〇日に船津川村新田の子供平八が六十六部《ろくじゅうろくぶ》（六十六部廻国聖のこと。江戸時代に諸国の寺社を参詣する巡礼・遊行聖を指した*）となり、万福寺で供養を行った。

正徳五乙未年（一七一五）三月二日、来る四月の日光御法会のために増助郷（定助郷村が負担軽減のため宿駅・助郷の拡大を望み、幕府も定助郷を補う加助郷、増助郷、当分助郷などを設けた*）を課され、野木町へ赴き助郷役を務めるように命じられた。そこで、四月五日までに名主・年寄がよく相談したうえで返答しますと申し上げた。

七月二二日、船津川村字上の忠右衛門の嫁（二一歳）が脇差で腹を切り、他の者に振りかざしながら死んだ。植野村に住む兄弟が駆けつけ、間違いなく（身柄を引き取って？）帰った。

八月、椿田観世音が佐野三三番札所になった。


享保元丙申年（一七一六）正月に松平藤十郎様のお屋敷（築地鉄砲洲）にいろいろとお礼を申し上げるために参上し、その足で伊勢神宮へ回り、参詣をしてきた。

閏二月一八日、北大嶋村新田（岡里）の真言宗善定院で千灯供養が行われた。

三月に船津川村字中妻に地蔵堂が建立された。

四月三〇日に公方（徳川家継）様が御他界された。そのため紀伊中納言徳川吉宗様が江戸城御本丸にお入りになった。

一一月に（村の）医者玄了が笠間から婿養子を取り、夫婦共に引っ越して行った。

享保二丁酉年（一七一七）正月一二日、江戸で火事（小石川馬場火事、小石川馬場の武家屋敷から出火し、西北の風で延焼し死者が一〇〇人以上に上った*）が発生し、御領主松平藤十郎様の御屋敷も類焼した。［白］米などを船に積んで、（家来を）見舞いに派遣した。また村々から木・竹を掻き集めて筏に組み、江戸へ運んだ。

二月一九日に（松平藤十郎様の）座敷の改修工事を行った。

三月に御屋形船に（荷物を？）積んで、家来が乗船して（藤十郎様の屋敷へ）参上した。

四月八日に私（吉旨）は江戸から村に戻った。人足を一緒に連れて江戸で一〇日間の仕事をした後、大工たちは先に村に帰しておいたのである。

五月三日に日光（山）の荷本院様（修学院僧正か？*）が遷化された。

五月二〇日に宝光寺宮殿の建設工事が始まった。

五月二六日に西国巡礼に村民二〇人が出かけ、飯塚七左衛門と新井源八郎（吉旨三男）なども参詣に加わった。

七月四日、字十二所の地蔵堂の建立が始まり、一〇日に上棟式が行われた。

八月一一日から大鹿大明神様の屋根の葺き替えを行い、ついでに私（吉旨）の屋敷の蔵も屋根を葺き替えた。

八月一八日に宝光寺の隠居が指図して御地蔵様を十二所の地蔵堂の中へ迎い入れた。

一二月六日の晩に武州忍（現行田市）の吹上村からやって来て行き倒れになった者がいた。とりあえず七五郎が本人と面会をした。太之という名前で年齢は三二歳、鍋の行商を生業としていた。佐野の天明町から館林町口へ行き、小刀で二［人］の脇腹を差し三・四か所［傷つけた?］。様子を伺わせるために人を館林町宿に遣わしたところ、太之は［喧嘩］相手を［横たえたままに放］置してきたという。手負い（の喧嘩相手）を預かってもらっていたので、それ以上（の面倒）はお願いせず、番人を私から（太之に）二～三人付けておいた。やがて忍藩阿部豊後守正喬様の家来、大野惣左衛門殿と申される方が足軽二〇人を引き連れて当所（権兵衛屋敷か）にお出でになった。こちらで預かっている太之は忍藩の者に相違ないという一札を受け取り、身柄を引き渡した。そして、忍藩からは館林宿の医者や名主たちにもそれぞれお礼がなされた。一三日にも忍城から喧嘩の後始末のお礼に忍藩の代官小林仁右衛門殿と申されるお方がご挨拶に参られた。

享保三戊戌年（一七一八）正月二六日、万福寺の住職が京都の吉田神社（「宗源《そうげん》宣旨《せんじ》」により神位や神職位を授ける権限を与えられて全国の神社・神職を支配*）から船津川村に戻ってきた。大鹿大明神様に授与された正一位の神階を携えてきたのである。村中の氏子がその旨を記した書状を拝見して大いに歓喜した。

五月一日、江戸で大火事が発生した。築地鉄砲洲の松平藤十郎様の御屋敷も類焼を被ったとの知らせが屋敷に届いた。早速、私（吉旨）は木・竹などを舟に積み、大工を召し連れて江戸の御屋敷に駆け付けた。そして、ようやく同月二三日に江戸から船津川村に戻ってきた。殿様（松平藤十郎）からは御褒美に紋付帷子を拝領した。

三月八日に邑楽郡北大嶋村の吉祥寺で法華経一万灯供養《いちまんとうくよう》が催され、出家・在家など二千人ほどが集まった。

六月、船津川村と近辺の村々が公儀御鷹場となった。

同月一三日に御領主松平藤十郎様が近日中にお屋敷替えになると、飛脚を通じて私（吉旨）の屋敷に知らせてきた。

七月一日に浅野内匠頭様の元上屋敷（中央区明石町、松平藤十郎家の移転先か？＊）に支払うべき金の一部を渡さなければならない（ので工面して欲しい）、と殿様が無心の知らせを寄こしてきた。

同月二四日、邑楽郡北大嶋村山王の小山伊兵衛（吉旨の次妹の夫＊）が死去した。

八月七日　私（吉旨）は村内から大工を召し連れて江戸屋敷（屋敷替えした松平屋敷か？）へ参上した。

八月一三日、私（吉旨）は（屋敷替えで必要となった改修を済ませて）江戸から戻ってきた。

同月一六日に大鹿大明神様の御官位祭り（神階正一位授与の祝い）に相撲の取組を行った。相撲取の中には□□瀬と［以］衛門がいた。

御鷹匠役人の野廻り役は植野村小野郷衛門と申されるお方であった。

同月一八日に足黒村（現佐野市並木町）の積水山無量寿院安楽寺で法華経一万灯供養が催された。

一一月九日の晩に佐野天命町で大火事が発生した。

享保四己亥年（一七一九）三月二一日、宝光寺の新築移転祝いの饗応が全村民を招いて行われた。

四月、館林町の惣百姓（本百姓）たちが年貢減免を歎願するために村々の名主を代表に立てて行った強訴に対して処罰が下された。この度、御役人の処置は年貢減免を認めるが、代官手代二人と名主三人を打ち首にし、田谷村・中野村・中谷村の相続人を領外追放に処するというものであった（享保三年一二月六日、館林領四二か村の農民は重税に堪えかねて名主三名が江戸表の藩主松平清武に強訴し、年貢半減を勝ち取った。だが、藩主は翌春に用人松倉伝兵衛に取調べと弾圧を命じ、四月五日に名主三名を捕らえて同月一四日に処刑した。名主三名〈恩田佐吉、武岸武兵衛、小池藤左衛門〉の家は家財没収や相続人の領外追放などの処分を受けた*）。

八月、御屋敷（松平藤十郎家）から［検］（検見?）人として内山浅右衛門という御方が訪ねてきた。

八月一〇日に女中のおさつが夜四つ時（二二時）に死亡し、（その家族は）板倉村へ引っ越した。

九月一六日の夜中に植野村庚申塚（船津川村の北隣）の川において年頃四〇歳ばかりの男が切り殺されるという事件があった。

一一月二七日、奥方様（松平定盈様夫人）がご逝去された。

一二月二六日、新井源八郎（吉旨三男、吉満）を上州邑楽郡離村の住人山本次郎兵衛の婿養子に出した（後に山本治兵衛と改名）。持参金二三両を持たす。


享保五庚子年（一七二〇）二月一八日に赤坂村の自性院で法華経一万灯供養が催された。

三月一〇日に天明町の称念寺（現涅槃寺）で三万日回向が行われた。

一一月一日、吉水村から善三が逃亡し、息子のところへ引っ越してきた。権兵衛屋敷の普請を行った。二五日に火伏せ（火難よけ）、日待ちを行った。

一二月七日、天明町が大火事の被害を受けた。


享保六辛丑年（一七二一）正月八日、江戸の呉服橋から火が出て、鉄砲洲岸の松平藤十郎様屋敷も類焼した。私（吉旨）は早速、村々から木・竹・縄などを集めさせた。

二月、（藤十郎様の）御長屋（再建のために）この［材木］を切って組み、舟に積んだ。

三月三日にも（江戸で）大火事が起こる。

三月九日昼に私（吉旨）は人足を引き連れて江戸の藤十郎様屋敷へ参上した。

四月三日に私（吉旨）はようやく江戸から自分の屋敷に戻ってきた。

五月に大鹿大明神様（の境内社）新田弁財天《しんでんべんざいてん》が（大水で流され？）村内字下で発見された。（社の復旧のため？）万福寺住職もやって来た。北大嶋村の吉祥寺（住職も来る？）。村中が間違いなく地固め（地形）作業を進めた。

閏七月一八日に大水が出て、私（吉旨）の家の中までが浸水し、座敷縁（座敷と縁側との間に設けられた細長い畳敷き）が四寸ほど水に浸かった。船津川村字下の飯田境（の堤防、秋山川か？）が三〇間（五四・五メートル）ほど切れ、［　］［内］北一七間（三〇・九メートル）、東（高さ？）三尺（九〇・九センチ）ほどが崩落した。

一〇月一五日、殿様（松平定盈）が領民に御料理を下された。皆々は料理を頂きながら、殿様が示して下さる様々な御温情に感謝した。

一一月三日に植野村の明王山大聖院（天慶元年〈九三八〉良朝上人が旧田沼町吉水に開山、戦国時代に土豪高橋惣左衛門が植野村に移転建立*）へ高野山の木食上人（肉類、五穀を食べず、木の実や草などを食料として修行を続ける高僧*）が参られた。そして高野山の奥の院を模した女人高野といわれる日輪大師堂を二間半（四・五四メートル）四方の規模で建立した（現在も同寺は厄除日輪大師像を秘仏として安置*）。

一二月一六日、都賀郡仙波村（後に安蘇郡葛生町へ編入、現在佐野市）の新里八左衛門（吉旨三女が嫁ぐ）の屋敷においてお祓を行った。


享保七壬寅年（一七二二）四月七日、私（吉旨）は江戸の浅草観音様の御開帳を見るために参詣をした。万福寺の住職も私に同行した。

四月一二日に私（吉旨）の孫、新井重助（義寛長子、義豊兄）が一三歳で他界した。

一二月、紀州熊野三社へ寄付を行った。幕府御代官池田新兵衛様からの御廻状によって諸国の人々が御奉祭《ごほうさい》（神仏をつつしんでお祭り申すこと）を行った。翌年二月、池田新兵衛様が前もって手代を小中村へ派遣されていたので、勧化金（信者に寄付を勧めて金を集める勧進金）二分が村中から私（吉旨）の屋敷に届けられてきた。

享保八癸卯年（一七二三）正月二三日に村中が伊勢《いせ》太々《だいだい》神楽《かぐら》（御師《おし》の活動により参宮の際に太々神楽奉奏を行う伊勢太々講が関東や南東北を中心に組織されていた＊）を見るために伊勢神宮参詣を行った。村内でも字上の金子五左衛門の子［勘之］丞、字中妻の伊衛門、杉の渡の大槻六郎衛門、同甚左衛門、飯塚庄右衛門、字下の喜三の家族七衛門が二五日に伊勢神宮参拝のために出発した。

二月、万福寺の貞涼坊様が［　　　］の病気から回復されて寺に戻ってこられた。

四月一五日、酒井雅楽頭様の御家老の子を切り殺し、親子四人連れで出奔した者が犬伏町関川（佐野市）に隠れていた。その後、子供と女房は逃げ去ったが、男を追い詰めて捕らえ、（権兵衛屋敷まで）連れて来た。

五月二五日、植野村の腰高弥兵衛の娘と細内村（現館林市）の武衛門の娘が亀井沼で入水自殺した。

八月一〇日、風が吹き、雨が降り始めた頃の朝方に川が増水し、次第に家の中にまで浸水してきて、椿田堤の田嶋村分も三〇間（五四・五メートル）余りが決壊した。君田堤は一九年前（宝永元年〈一七〇四〉）に堤防改修工事を行ったばかりであったが、行人堂《ぎょうにんどう》（生きながらミイラになった即身仏を祀るお堂*）の北側の堤が切断され、その深さがどれほどに達するのか分からなかった。

船津川村の広堤・支流は長さ一八間（三二・七メートル）余の決壊被害を受け、飯田村境では二四間（四三・六メートル）ほどのうち、長さ八間（一四・五メートル）余りにわたり飯田村分［堤］が決壊し、［　　　　］。

堤防の決壊部分は全体で一四〇間（二五四・五メートル）余にも達し、堤積□から□□［川］より□まで洪水が（堤を）乗り越えた。

菊沢川に架かる天神橋が押し流されてしまったので、土橋（木橋の一種で、橋面に土をかけてならした橋*）を一時的に架け替えて置いた。

関根橋（椿田の東北、田嶋村境の菊沢川に架かる橋）は流されて、大古（小）屋村に止め置かれてあったが、改めて架け直した。

堤防が決壊した田嶋村・君田村へ私（吉旨）が相談に行き、江戸へ（修復）嘆願のために人を派遣することを取り決めてきた。

九月、堤防修復について御領主松平藤十郎様からもお上にお願いして頂くように訴状を差し上げた。

一〇月、北大嶋村の家富利右衛門宅で万灯供養が行われた。

一一月一日に堤防その他の御普請のためにお上の御見分があり、御検使の山田徳兵衛様と山本作左衛門様が当地にお出ましになられた。御検使は越名村の八左衛門宅でお昼休みを過ごされた。船津川村の普請箇所や君田堤も御見分なされ、首尾よくお帰りになった。この時、代官池田新兵衛様の手代宮部十右衛門様が御検使の案内役を務めた。

一一月二三日、小見村の（松平藤十郎知行所）名主喜左衛門がお役を免ぜられ、年「寄役」を仰せつけられたので、代官の私（吉旨）が村中に知らせた。

享保九庚辰年（一七二四）正月一五日、下野代官池田新兵衛様の手代林弥太夫様がお出でになり、私（吉旨）の屋敷にご宿泊なされた。その後、林様は普請所を御見分なされ、私からも当普請所における諸費用の御普請目論見帳《ごふしんもくろみちょう》（工法図、材料・人足の積算基準、その解説文を含む*）をお渡し致しました。とにもかくにも周辺の村と同じ程度の負担をご下命くださるべきである。そうであれば、私どもの村も外の村並みに負担をお引き受けする積りである。

一　御普請目論見帳をお渡し致しました。ご吟味の上、何か面倒が生じましてもご命令には背きませんので、右承諾の証に一札をお渡しします。もって、前記記載の通りです。

下野国安蘇郡

田嶋村

飯田村

君田村

船津川村

享保九辰年

林弥大夫　殿へ

六月一七日、君田堤の普請が始まった。

六月二一日、池田新兵衛様が君田堤の特に水当りの強い箇所だけを改修させなさった。

一〇月、代官手代の宇部十右衛門様が君田堤を御見分なされた後、［高山］村へ移動された。その時に御普請割当の国役《くにやく》が（当村にも）命じられた。
一一月二五日に椿田（堤）の段付け（腹付け？）を行った。一二月六日には普請が（終了した？）。

高百石につき金十両が国役金（税金）として差し引かれるので、各村は為すことがなかった。

君田村と船津川村が金五〇両を手代の宇部十右衛門様から受け取った。金三二両は君田村へ、金一八両は船津川村へ渡された。このうち金三〇両は人足の賃金支払いに使われた。

惣村（船津川？）堤の人足は二万六九三六・八人分、君田堤分は三万九〇九七・八人分（と見積もられていたが）、この二か所の延べ雇用人足数は四万六九三五人であった。人足一〇〇人につき永楽銭六三文八分七厘五毛を支払ったので、金三〇両がこれらの人足費用に支払われた。（永楽銭一文＝鐚銭四文→六三文八分七厘五毛×四＝二五五・五文→二五五・五文×四万六九三五人＝一一万九九一八・九文→一両＝四〇〇〇文なので、一一万九九一八・九文÷四〇〇〇＝二九・九両≒三〇両*）

四月に館林藩越智松平家に尾張徳川家の武雅様（一六六三〜一七二八）が御養子

にお入りになった。松平肥前守様と申し上げる。

享保一〇乙巳年（一七二五）正月六日、公方（吉宗）様が国々の寺社への拝賀に（御使者を）派遣された。若君様（松平藤十郎定賢《さだかた》）が江戸城の大広間において裃姿（左折烏帽子《えぼし》に布衣《ほい》）で公方様への年始挨拶に臨んだ（殿様定盈様はご病気*）。

二月一日、新井七左衛門吉遠（船津川河岸問屋）が上州山越村で荷物を舟二艘に積んで下総国古河まで運び、そこからは予め送っておいた荷物も積んで三艘で（江戸まで）運んだ。

三月、館林町の真言宗五宝寺において法華経万灯供養《まんとうくよう》が行われた。

三月一七日に殿様松平藤十郎定盈様がご逝去なされた。御法名は春等院仁岳榮賢居士とおっしゃり、享年は六〇歳であった。

五月八日、武州倉田郷五大山明星院（埼玉県桶川市倉田、真言宗関東十一談林の一つ）の中興の祖海浄法印（吉旨の長弟）が遷化した。

五月二一日、若殿松平定賢様が、去る三月一七日にご逝去された殿様定盈様の跡目相続を命じられた。暮れには松平定賢様が御老中支配の寄合席を命じられた。また御名を世襲名の藤十郎様とお改めになった。（その祝いに）金百匹（金一分）を私（吉旨）が拝領致しましたので、村の百姓たちに振る舞いました。

五　代官義寛（吉寛、義信）の時代（一七二六～一七四九）

享保一一丙午年（一七二六）二月一〇日、私（権兵衛義寛）の父上市郎左衛門吉旨様が他界された。享年は六五歳で、法名は明徳院梅翁賢聖居士と申し上げる。

享保一九甲寅年（一七三四）越名・馬門両河岸は船津川河岸が両河岸の営業を妨げる新河岸であるとしてその閉鎖を幕府に訴え出た。名主新井義豊（代官新井義寛の次子）とその叔父新井七左衛門吉遠（河岸問屋、義寛長弟）が訴訟の矢面に立たされた。代官義寛は職務上中立の立場をとって関与しなかった。＊

享保二〇乙卯年（一七三五）幕府の裁許により船津川河岸は地頭荷物以外の一切の積荷が停止されることになった。また郷蔵《ごうくら》屋敷《やしき》は除地のまま維持されること

になった（「船津川河岸出入返答書」「内田彦一文書」、『佐野市史通史編　上』）。＊

元文五庚申年（一七四〇）三月八日から一五日まで宝光寺において万灯供養が催され、出家・在家合わせて一千人ほどが参列した。その時に立ち会ったのは以下の者たちである。

沼端・上　：　椿田の福地、小野、金井田、金子、小俣、藤倉
中妻・砂原：　吉川、関根、須永、武藤、谷、川村、亀田
十二所　　：　新井、大朏、蓼沼、谷、亀田、内田は金衛門一人
杉渡・下　：　新井、田名網、栗原、金井、大槻、飯塚、谷、鈴木半兵衛一人
〆て二七名であった。

寛保三癸亥年（一七四三）八月九日に私（義寛）の母上（父吉旨の内室）が他界された。法名は観智院眞寶了讃大姉と申し上げる。

延享三丙寅年（一七四六）私（義寛）の三男平三郎がこの年に二八歳で出家した。

平三郎は特に仏のようだ？　と皆からも言われてきた。平三郎は武州埼玉郡八条領西袋村（現八潮市）の名主平右衛門殿の屋敷内にある観音堂でいろいろと世話になった。その平右衛門殿はその地で八〇何歳まで暮らした後、亡くなった。それから月日が経ったままになっていたので、私も後々までそのお墓参りには参ろうと思っており、平右衛門殿への感謝を申し上げなければならないと考えている。

寛延元戊辰年（一七四八）船津川村字下の川入山光福院の境内に鎮座する弁財天の御堂宮殿《みどうくうでん》を建立した。村惣世話人は大貫□八衛門・新井八兵衛・栗原□□であった。＊

六　代官義豊（吉豊）の時代（一七五〇〜一七七二）

寛延三庚午年（一七五〇）八月九日に私（義豊）の父上義寛様が他界された。法名は唯心院楽住遊岸居士と申し上げる。

宝暦五乙亥年（一七五五）若殿松平定得《さだのり》（定旧《さだもと》、数馬、藤十郎）様が父定賢様の隠居に伴い家督を相続し、寄合席を命じられた。

宝暦七丁丑年（一七五七）隠居されていた殿様松平定賢様がご他界された。享年四八歳。*

明和四丁亥年（一七六七）佐野天明町で大火事があった。この時であったかと思うが、いろいろと書物・大小（刀）・祝いの品物等を取り出した。野州足利郡戸田藩の安田弥助義里（安田孫助義重）の妻となっていた私（義豊）の娘がこれらを出した。後々まで大切にするようにと話した。

九月一〇日、殿様松平定得様が目付を退任して浦賀奉行にご就任なさったので（安永三年〈一七七四〉一月二六日まで）、私（義豊）は殿様に忠勤を尽くした（『徳川實記 第一〇巻』、高橋恭一『浦賀奉行史』、「新田新井系図」）。*

明和六己丑年（一七六九）当村内の杉の渡・遠下《とおじも》（字下の東端）で狂言歌舞伎が催された。「傾城阿古屋松《けいせいあこやのまつ》」が上演された（近松半二他作、琴、三味線、胡弓の三曲を傾城阿古屋自身が演奏することで知られる「阿古屋」は通称「琴責め」とも言われ、演じられる俳優が極めて少ない義太夫狂言とされる*）。その折に字下地区は八郎が主役級の代官（畠山重忠役か？）を演ずるというので、桟敷を設け、私（義豊）も参りました。その際、厄介な問題が起こったので、与次郎の桟敷席を壊し、私共の桟敷席に作り直し、それから狂言を上演いたしました。いろいろな難しい問題が生じたのはだいたい三日、四日の昼夜でした。今後ともそのやり方を心得ておくべきだろう。右の場所は藤七家の所有地で、藤七が相続して住んでいた。

明和七庚寅年（一七七〇）この年も同様に村内字十二所で狂言歌舞伎が催された。宝光寺において去年の村内遠下《とおじも》と同様に桟敷席に筵八枚、宝光寺分にも筵八枚、本郷地（？）にも去年通りに（筵が）割り当てられた。

明和八辛卯年（一七七一）同じくこの年も沼端《ぬまばた》（村内字上の西端）で狂言歌舞伎が

催された。これまでの慣例通りに桟敷席・筵席が設けられた。宝光寺分の桟敷は去年から九尺（二・七三メートル）になった。新井権兵衛家（この時の当主は私、吉豊）には縦二間（三・三メートル）横二間の桟敷が用意された。後々まで（慣例として）決めておき、心得ておいてもらいたい。

七　名主義久（吉久）の時代（一七七三〜一七九二）

安永二癸巳年（一七七三）村内新田の福地銀蔵が私、義久の烏帽子子《えぼしご》（烏帽子親に烏帽子名を与えられる者）となった。同所の甚蔵、矢部又次郎と浅原弥衛門も同様。

安永三甲午年（一七七四）一月二六日、殿様松平定得様が浦賀奉行から小普請奉行に転出された（『浦賀奉行史』）。＊

村内字中妻《なかづま》の庄兵衛も私、義久の烏帽子子となる。小林四郎衛門も同様。関口次左衛門は私の子分となる。新井又七も私の子分となる。また矢部勧次郎は私の烏帽子子となった。

安永五丙申年（一七七六）八月一三日、私（義久）のお祖母様（祖父義寛の妻、鈴木半兵衛春忠の娘）が他界された。法名は蓮花院阿闍智法大姉と申し上げる。

安永七戊戌年（一七七八）私（義久）の長子熊八郎（義有）が生まれた（「新田新井系図」）。＊

天明三癸卯年（一七八三）浅間山が大噴火し、村内にも火山灰が降った。

天明四甲辰年（一七八四）春に旱魃が発生し、村中が大いに難儀した。松平定慮《さだのぶ》様が二五歳で家督を相続し、寄合席を命じられた。＊

一〇月三日に私（義久）の母上（父義豊の妻、川俣村の金子太郎左衛門政晴の娘）が他界された。法名は蓮乗院西住妙貞大姉と申し上げる。

一二月一六日に私（義久）の父上義豊様が他界された。法名は源光院大空義豊

居士（「新田新井系図」では天明五年〈一七八五〉死去と記述*）

天明五乙巳年（一七八五）一二月二六日に殿様松平定得様がご逝去された。享年五四歳。*

天明七丁未年（一七八七）九月一七日から長子・熊八郎義有を出流原村の片柳五郎兵衛嘉季の下に送り、手習いを教えてもらうことにした。片柳五郎兵衛は私（義久）の娘久和を嫁がせており、義有はこの義兄の下で教えを受けることになった。

私（義久）は市郎左衛門から庄兵衛と改名した。

寛政元己酉年（一七八九）一二月、村内遠下《とおじも》（字下の東端）の鈴木半兵衛春房様が他界された。私（義久）にとっては舅であり、熊八郎義有の外祖父でもあった。このため義有も出原村の片柳家から急いで屋敷に立ち戻ってきた。

寛政四壬子年（一七九二）この年に義有が一五歳になったので、私（義久）に代って名主役を仰せつけられた。そして祖父義豊の名を継がせ権兵衛と名乗らせた。親の私（義久）は庄兵衛といい、以前は市郎左衛門と名乗っていた。後見人は父親の私、庄兵衛義久であった。

八月、大水が出て渡良瀬川が氾濫し、川入山光福院も浸水し、弘法大師作といわれる弁財天が流失してしまった。*

八　名主義有（吉有）の時代（一七九三〜一八二四）

寛政五癸丑年（一七九三）正月六日、私（義有）は江戸へ出府するために村を出立した。殿様松平藤十郎様への御年始に参上したのである。名主の私（義有）はまだ一六歳で、供には矢部勘兵衛という者を連れていった。

柿沼長衛門が私（義有）の母上（鈴木半兵衛春房の娘）の烏帽子子になった。

寛政六甲寅年（一七九四）大水が出て、百姓一同が大変な難儀に陥った。何とか国役普請（江戸時代、国役金を徴収して実施した土木工事。費用の一〇分の一を幕府が負担し、残りを国役とした＊）の願いが叶い、土砂採取は八丁（八七三メートル）余りに達した。

新田の福地留蔵が私（義有）の烏帽子子となった。

この年に弟の圓八郎（安永八年〈一七七九〉生まれ、一六歳）が家を建てることになり、屋敷地一反二畝（三六〇坪、権兵衛屋敷の北隣）を分与した。

寛政七乙卯年（一七九五）前述の堤の国役普請に関して訴訟沙汰が起きたので、私（義有）の父庄兵衛義久が江戸へ出府した。村中の名主・惣百姓を相手にし、決着に翌年までかかったが、訴訟は十分に満足な勝利を得た。詳細は訴訟願書の中に書いてある。

殿様松平定慮様がご他界なされた。享年三六歳だった。松平定節《さだとき》様が家督を相続し、寄合席を命じられた。＊

またもや宝光寺住職との間で訴訟沙汰が起こった。これは竹・木の宮地・寺地切取をめぐる争いで、訴訟となった。この訴訟にも勝利したので、宝光寺の住職をそのまま続けさせておく訳にはいかなくなり、仙波村（葛生、現佐野市）へと追い払った。

寛政八丙辰年（一七九六）八月二七日夜に私（義有）の父上庄兵衛義久様が死去された。法名は胎中院高嶽空隆居士と申し上げる。この時、私はまだ一九歳にすぎなかった。また、この年は村内字十二所で狂言歌舞伎が催されたが、何年か前と同じ桟敷・筵を確保した。

四月六日の夜に江川（関根橋から椿田を通って西南に流れる）で田嶋村の仲右衛門と申す者の水死体が発見された件で、船津川・植野・田嶋の三か村がお願い申し上げた結果、田嶋村の御領主様から御出役が任命された。三か村の談判となり、ご検使立会いの上で植野村庚申塚のうた義と傳蔵が切腹した。

寛政九戊巳年（一七九七）七月二二日に上州籾谷村（現邑楽郡板倉町）の正応山浄土院最勝寺（宝光寺と同じく館林町の真言宗豊山派五寶寺末寺）から住職が移って来た（宝光寺の新住職に迎えられた七世智海か？　二年前に義有が六世慶海を追い払い住職

が不在だった）。この時、私（義有）はまだ一九歳だった。

宝光寺の由緒

右の折、村役人たちが歓迎の支度を行った。

椿田：福地太左衛門は大小帯刀、小野豊八は裃のみ、金子円蔵も大小帯刀、金井田七郎衛門は裃のみ。

中妻：谷助左衛門は裃のみ。

十二所：矢部傳衛門は裃のみ、新井圓八郎義明・権兵衛・豊衛門は大小帯刀、大朏治郎左衛門も大小帯刀。

杉渡：飯塚庄兵衛は裃のみ、新井治兵衛は大小帯刀。

下　：鈴木半兵衛は大小帯刀、七左衛門は裃のみ、与衛門も裃のみ。

右の外に百姓市郎衛門の男子大吉一人、外に杉渡の新井清兵衛も立会いを望んだ。これは親類の者に会うためである。しかし、これは後々の慣例としないことにした。以上。

寛政一〇戊午年（一七九八）故松平定慮様の嫡男親之助定節様の御家老谷周右

衛門殿が（知行所の）村々を殿様の御名代として御巡見なされた。船津川村では宝光寺にご宿泊なされた。

内田勇八が私（義有）の烏帽子子になった。

寛政一一庚未年（一七九九）二月中に御領主定慮様の御家老谷周右衛門殿が赤見村の金兵衛宅へいらっしゃり、村中の名主たちも集まったが、所用のお金を用意できなかったので、赤見村（松平家知行高二五五石）の亀衛門と船津川村の私（義有）の二人が（金を携えて）改めて江戸へ出府した。

九月中から正一位大鹿大明神の屋根葺き替えが始まった。村中の氏子一同は（葺き替え完了後の姿を見て）感動した。商人である村内字新田の藤衛門、村外からも何人かの商人が入り込んで来た。

同閏月に遷宮を行った。村役人たちの立会いは先年の例に従い、以下の通り行った。

十二所　名主・新井義有は大小帯刀　　椿田　　名主・福地太左衛門も大小帯刀

十二所　組頭・新井幸衛門も大小帯刀
十二所　組頭・新井圓八郎
十二所　百姓・新井又七、
十二所　百姓・新井市之丞

十二所　百姓・忠七
十二所　百姓・〔藤〕兵衛
一家名代一人立会い
沼端　名主・金子五左衛門は大小帯刀
沼端　組頭・勘右衛門は袴のみ

沼端　名主・金井田与平次
沼端　組頭・千代八
外に百姓・谷大吉一人

椿田　勘蔵
上　清左衛門は羽織袴のみ
中妻　名主・谷助左衛門は立ち会わず
十二所　年寄・矢部傳衛門は袴のみ
十二所　年寄・兵藤傳衛門は袴のみ
十二所　年寄・谷惣左衛門は袴のみ
十二所　年寄・大朏治郎左衛門は大小帯刀
杉渡　名主・飯塚庄兵衛は袴のみ
杉渡　年寄・新井治兵衛は大小帯刀
中妻　年寄・谷惣治郎は大小帯刀

下　年寄・鈴木半兵衛　この者は元名主、それよりだいぶ以前は組頭

下　年寄・鈴木菊左衛門　これは短期間名主を務め、親は与左衛門といった。この者は短期間名主役を務めていたが、しくじりを犯した。三人年寄体制となるのはその後も例がない。

下　与左衛門倅□　この者はこの役の時、軽いものであった。

同一二月に大鹿神社の屋根の葺き替え工事が完了した。御遷宮は同一五日の四つ時（朝四つ、九時五〇分頃）で、私（義有）はおぼけ（糸をつむぐ作業中に紡いだ糸を貯めておく桶*）持ちの担当で、このおぼけへ綱を下げて（刀を）押し当てて切るのである。市郎衛門の息子・大吉と申す者がこの綱を手で握り、御太刀は赤「井与」右衛門が持つ。三つ具足は燭台・香炉・花立てであり、これは金子五左衛門・新井治兵衛・大朏治郎左衛門の三人が持ち、鏡は私（義有）の弟、新井圓八郎が受け持った。

村内字新田の木村三郎兵衛が私（義有）の烏帽子子になる。

椿田　福地太左衛門は金一分を寄進、大小帯刀で拝殿に控える（靴・具足持ち）
上　清左衛門は金二朱を寄進、羽織・袴、小幣《こぬき》（幣帛《へいそく》）持ち
上　金子五左衛門は金一分を寄進、大小帯刀、護符持ち
上　金井田七郎衛門は金一分を寄進、袢のみ、小幣持ち
上　勘衛門は金二朱を寄進、小幣持ち
中　谷助左衛門は金一分を寄進、袢のみ、小幣持ち
中　谷忠次郎は金二朱を寄進、［羽織］、小幣持ち
忠次郎は白衣を着ていたので、立会を行わなかった。将来もそうするように心得るべきだと私（義有）は申しておいた。
十二所　矢部傳衛門は金一分を寄進、袢のみ、小幣持ち
十二所　谷惣左衛門は金二朱を寄進し、袢のみ
十二所　新井権兵衛義有は金二分を寄進、大小帯刀、桶持ち
十二所　新井圓八郎は金一分を寄進、大小帯刀
十二所　新井幸衛門は金一分を寄進、大小帯刀、御刀持ち

十二所　大詘治郎左衛門は金一分を寄進、大小帯刀、燭台持ち
杉渡　飯塚庄衛門は金一分を寄進、裃のみ、小幣持ち
杉渡　新井治兵衛は金一分を寄進、大小帯刀、花立て持ち
下　鈴木半兵衛は金一分を寄進、大小帯刀、鏡持ち
下　鈴木菊次郎は金一分を寄進、裃のみ、小幣持ち
下　長嶋与衛門は金一分を寄進、裃のみ、小幣持ち
十二　新井市之丞は大小帯刀、桶の綱持ち
押切　谷大吉は大小帯刀、桶の綱持ち

寛政一二庚申年（一八〇〇）二月二九日に私（義有）は北大嶋村の住人家富利衛門秀之（清左衛門）の娘茂呂を妻に娶った。

七月五日、村内字十二所の道上佐右衛門の母が死去した。この件で船渡権七が裃姿で門送り（葬式の時、死者の家へ行かず、自分の家の門に立って棺を見送ること＊）をしたいと言い張ったが、その時は私がそれを止めさせた。以上。

その理由は権七が神切市郎右衛門家の譜代で、同家の家人（家来という身分）で

あったので、これを禁止したのである。以上
その折、権七に申し聞かせたことは「お前の先祖という者は、おちんという女が神切七左衛門殿の家に延享四年（一七四七）から一七年間奉公していたが、その頃、館林の浪人で三左衛門と申す者が市兵衛方に住み着き、このおちんと男女の仲となり、大芝原《おおしばはら》（村内字大芝原）東道にある間口二間・奥行き三間の借家に所帯を構え、四年ほど夫婦で住んでいた。その後、船戸の関口茂左衛門屋敷地に引っ越して借家暮らしをしていたが、何かと不都合なこともあったので、元禄六年（一六九三）に新田葭野《しんでんよしの》の検地があった折に、神切七左衛門殿が検地の役人にお願いして、この（新田葭野の）寝泊まりできる屋敷に住み込ませ、同年から百姓にしてやったという事情があったゆえに禁止したのだ」という理由である。権七はあくまでも神切市郎右衛門の家来（家人）であるという身分を忘れてはならないと考えたからである。以上。
川辺久衛門が私（義有）の烏帽子子となった。
四月中に野木宿助郷役を当村杉の渡の新井清兵衛方へ引き継いだ。代金五五両、石高一二七七石余で（助郷）役を勤めることになる。

八月一三日に蓮花院様（新井義寛内室、鈴木半兵衛春忠の娘）の二五回忌を勤めた。その折に岡村甚左衛門の娘（母は義寛と蓮花院の次女）がお祖母様の墓石を建立した。

一一月七日に荒田の場所へ掛け水を行い、地味の腐植状態のご吟味について村中が相談した。そのうえで、（お役人が）赤坂村名主甚五右衛門宅前にご宿泊していたので、名主の私（義有）と福地太左衛門が出向くことにし、村内の荒田の地主・百姓たちも引き連れて赤坂村まで参り、証拠を示しながら事実を説明した。しかし、埒が明くまでには翌々日の九日まで時間が掛かった。以上。百姓惣代は一五人だった。

一二月に船渡権七の父親が死去した。この時も権七は裃を着ていた。私（義有）の家来と、その他に大胐、亀田、谷などの人々が（身分違いの）裃の着用を止めさせようとしたが、権七は承知せず、私や他の人々はうまく解決できなかった。この度の一連の騒動は村内でも有名となり、大きく取り沙汰されたので、少々、対応に窮した。

寛政一三辛酉年（一八〇一）この年の二月五日に年号が享和元年に改まった。正月に権七が私（義有）の屋敷に参って申すことには、「自分は昨年、村の皆様方に恥辱を受け、生きる甲斐もなくなってしまいましたので、何卒あなたの手で殺して欲しい」と言い募った。そこで、私は次のように言って聞かせた。「それはもっともなように聞こえる言い草だが、私は以前からお前を殺してしまおうなどとは決して考えたこともない。ただ昔からの慣例を重んじているだけなのだ。私は慣例を踏みにじるようなやり方をどうしても止めさせたいと思っているだけだ」と。にもかかわらず、権七が殺してくれとなおも強引に迫るので、次のように訳を噛み砕いて説明した。「このような事情なので、死にたいというそなたの主張はただ死ぬことによって世間体を保てるという思い込みがあるだけのようなので、ここはひとつ、そなたの身の処置を私に任せてはくれないか」と説得した。

権七は「この度、自分の身の処置をあなたに任せるのはどうしたものでしょうか」と反問してきた。そこで、私は次のように返答した。「いや、そのことだが、もしそなたが死ねば、船津川村に残っているそなたの兄弟の人別帳に付箋（注意すべき事柄などを書いて貼り付ける小さな紙片*）を貼り付けること（いわゆる札付き）になるので、その辺の事情を兄弟にも承知して置いてもらうべきだろう」と言った。この件を杓子定規に処理しても別に何の不都合もなかったのだが、権七家は船津川村から退転するので、それでよいとしても、何も知らない兄弟には事情を説明してその意向を尋ねさせるべきだと思ったのである。その結果、兄弟も起請文を書き、絆を強め合い、権七家の暮らしが成り立つようにお互いに助け合うことになった。この逸話は後に至るまで世間の大きな話題にもなったので、ここに書き残しておくことにした。以上。

享和元辛酉年（一八〇一）春のうちに、村中が費用を出し合って椿田の石橋を完成させた。いろいろと難しいこともあったが、身分の上下の区別なく負担を割り付けた。

八月から始まった関根橋に対する船津川村御領主（六給の旗本）の検分が終了した。割元（村役人の最上位者）は沼端（村内字上）の金子五左衛門の息子・円蔵が勤めた。
九月二七日の事件。中妻の小右衛門の弟に小吉という者がいた。その小吉は少々気が触れているだけで何の恨みも遺恨もなかったのだが、何を思ったのだろうか。二七日朝五つ前に兄小右衛門を斧で滅多打ちにして殺し、中妻はいうに及ばず、村中が大騒ぎになった。それから親類がより集まって相談のうえ、小吉は籾谷村（板倉町）の姉が預かるということで決着した。そして小吉は仏門に入ることになったのである。

一〇月九日　私（義有）の娘（長女土和、寛政一二年〈一八〇〇〉生まれ）の生後一年の誕生祝の覚。「白米一升　忠七、「白米一升　文右衛門、「白米一升・鰹節《かつおぶし》一つ　善兵衛、「白米一升　内田勇八、「白米一升　福地銀蔵、「白米一升　長右衛門、「白米二升・鰹節　又七、「白米二升　新井圓八郎
「白米五升・煮しめ二重ね・鰹節二つ・干瓢《かんぴょう》少々　大嶋村家富利衛門（義有舅）、「白米一升　村内字下・甚八、「白米一升　お国、「白米二升・鰹節（杉渡・新井）六衛門、「二百文　忠七、「百文　字上・平六、「百文　市之丞、「五十

文　市衛門、「五十文　勘衛門、「三十文　四郎衛門、「〔三十文〕　賀兵衛、「二百文　次左衛門、「五十文　善兵衛、「五十文　善衛門、「五十文　八衛門、「一二文　安左衛門、「五百文（船渡）権七、「郡内織二つ　大嶋村家富利衛門、「郡内《ぐんない》織《おり》・縞絹《しまぎぬ》共に二つ　出流原・片柳嘉季（義有義兄）、「絹一つ　岡野村・岡野勘左衛門（義有祖父妹の夫）、「絹一つ　鈴木半兵衛、「郡内小紋一つ　富岡村橋本重利（義有姉の夫）、「絹一つ　小俣村須藤行宗（義有姉の夫）、「木綿一つ　長衛門　同伊八　同尚兵衛　同内田勇八　同圓八郎吉明、「同木綿一つ　大嶋村・新屋敷、「同木綿一つ　天明町・進藤

享和二壬戌年（一八〇二）

私（義義）の弟、新井吉明の屋敷へ船津川村新田の福地銀蔵の娘い志という女が入り込んで来て（圓八郎を出せと）要求したが、吉明の母もよ（父義久の側室）は応じなかった。そのためこの女は吹上御番所（天領栃木町の吹上代官所）へ駆け込み訴え出たが、その内容が筋違いだということで、代官所から当村の村役人に召喚状（御差紙）が届いた。それで、私（義有）が同代官所に出頭し（娘を）引き取り

ることになった。吹上から天明宿の丸屋という所まで娘の母を同道し、船津川村の十二所小路（権兵衛屋敷のすぐ西側）まで送った。

七月一日から暴風雨で大水が出て、当村でも椿田新堤のうち三五〜三六間（六三・六〜六五・四メートル）にわたり穴が空きそうになったが、村中の人々が総出で懸命に防いだ。その時に渡良瀬川南岸の除川村（上野国邑楽郡）では一五〇間（二七二・七メートル）ほど堤防が決壊した。権現堂堤（現埼玉県幸手市内）も一〇〇間（一八二メートル）ほどが決壊した。復旧工事の費用は三〇〇両ほどにも達し、当村はこの年には大変な難儀を被った。

八月、中妻の小右衛門の弟、道心小吉が小右衛門の養子に殺された。これは一年近く前に小吉によって殺された小右衛門の敵討ちであった。

一〇月二〇日、大雨が降って、村中の田の稲が倒れ伏し、刈り入れに大変難渋した。

一〇月中、宝光寺の屋敷内に追剥が現れ、村人が中妻に追い詰めた。下手人は四人連れであった。

文化二乙丑年（一八〇五）八月一二日、私（義有）の母上（鈴木半兵衛春房の娘）が他界された。法名は善性院観月妙琢大姉と申し上げる。

文化九壬申年（一八一二）七月二七日の朝から北東の風が吹いて大雨が降った。同二八日の夕方からは田畑へ水が押し寄せてきて溢れそうになった。午の刻（昼一二時前後二時間）の大水で浸水高（浸水域の地面から水面までの高さ）二尺（六〇センチ）余りの大洪水となり、天明宿の厳浄寺（佐野市赤坂町、秋山川東岸）付近の堤防が一〇〇間（一八二メートル）余りも決壊し、田嶋村でも堤防が三〇間（五四・五メートル）に渡って押し切られた。田畑は完全に水腐れ状態になり、村中が困窮に陥ったので、夫食《ふじき》（江戸時代の農民の食料一般をさす。夫食は米以外の雑穀が中心。幕府、諸藩は凶作に備え貯穀を奨励し、凶作・飢饉時には救済のため貸付〈夫食貸〉を行なった*）をお借りし、年貢の免除歎願のために江戸表へ出府した。

八月二四日に野木宿の助郷役を課された。他の村々が水害を理由に免除され、当分の間、加助郷役（江戸中期以降、宿駅の定助郷に新たに追加された助郷役*）が当村に命じられたが、当村も同様に水害を被っていたので、江戸表の柳生主膳正様へ助郷役免除の歎願のために出府した。村役人たちを代表して、私（義有）と丹蔵の二人が駆け込み願い（評定所・奉行所、または幕府の重臣、領主などに直接訴え出ること）を行った。強く歎願申し上げたところ、同五月九日、八月二四日の助郷役を免除された。しかし、嘆願のための諸費用が七両二分ほども掛かってしまった。

九月一四日夜、正一位大鹿大明神様の御遷宮を村役人が総出で行った。

一領地　　金一両二分ずつ寄付

右普請入用金三両　　中妻は金一両を寄付

宝光寺は金五両を寄付

権兵衛義有は金二分を寄付

残りの費用は村役人が寄付

御遷宮立会人の人数の覚

名主　　椿田・福地太左衛門　　御神官［臺］持ち

組頭	上・清左衛門	小幣
名主	沼端・金井田与平次	
組頭	沼端・金子円蔵	榊御幣
組頭	沼端・千代八	
組頭	沼端・勘右衛門	
組頭	中妻・谷助左衛門	
組頭	十二所・大朏治郎左衛門	
名主	十二所・矢部傳右衛門	
名主	十二所・新井権兵衛義有	御鉾
組頭	十二所・新井圓八郎吉明	御幣金《ごへいきん》
組頭	十二所・新井幸右衛門	御幣金
百姓	押切・谷大吉	善綱《ぜんつな》
百姓	十二所・新井市之丞	番台
組頭	〔杉渡〕・大槻十郎兵衛	花立て
〔名主〕	〔杉渡・新井〕清右衛門	御刀

〔組頭〕　〔杉渡・新井六〕衛門　花立て
〔名主〕　下・〔鈴木半兵〕衛　善綱
〔組頭〕　下・〔　　〕右衛門

以上で、「地方代官新井権兵衛覚書」の現代語訳は終わるが、「新田新井系図」、「新井系図」、その他の古文書等を参考にしながらその後の出来事を少し追記しておこう。

第三章　「覚書」追記

九　名主義一（市郎次）の時代（一八二五〜一八四二）

文政八乙酉年（一八二五）この一、二年前、新井義有は長女土和（寛政一二年〈一八〇〇〉生まれ）の婿養子に足利郡寺岡村の山本嘉衛門の次男・市郎次（後に権兵衛義一と改名）を迎える。義一は文政八年正月に病身の義父義有に代わって名主として「田嶋村他五か村渡良瀬川欠損自普請願」を知行所へ提出している（『佐野市史資料編二』）。

天保元庚寅年（一八三〇）七月一日、新井義有の叔父（父義久弟）義眞（百松、満右衛門）が他界した。法名は榮壽道伯居士という。

天保五甲午年（一八三四）四月二七日に新井義有が享年五七歳で他界した。法名は寶壽院流音覚道居士という。

天保八年丁酉（一八三七）権兵衛義一も病気勝ちであったので、義久の側室腹の圓八郎吉明四男多仲（一八二四年一一月生まれ）を養子に迎え、後に義有三女多喜（安蘇郡小見村の住人船田亀衛門妻）の三女イマを娶らせた。これに激怒した義母（義有妻）茂呂が村内杉の渡の分家新井権右衛門の弟権之丞を四女士喜の婿養子に迎えて当主に据えようとした。このため権兵衛家は屋敷を東西に分割し、二家が分立することになった。

天保九戊戌年（一八三七）八月　幕府表高家横瀬美濃守定固《さだかた》（旗本一千石）の親族横瀬蔵人救周から「遠祖　新田政義公六百年祭・新田義貞公五百年祭　供養招待状」が「新井権兵衛義一・新井多仲・新井忠蔵・御一類中」宛てに届いた。この文書により、多仲がすでに権兵衛義一の養子になっていたことが分かる。

一〇　名主権之丞の時代（一八四三〜一八六八）

天保一四癸卯年（一八四三）四月、殿様松平藤十郎様が一二代将軍家慶様の日光社参に御徒頭としてお供をなさった（『續徳川實紀　第二巻』）。この時、知行地の村民も中小姓・足軽・陸尺《ろくしゃく》などとして殿様の御供を命じられ、権之丞が義一に代わって奉仕したものと思われる（この時、同じく御徒頭を勤めた柳沢八郎右衛門は知行所・武州多摩郡小山田村から村民三一名を徴発している。下小山田町「若林照雄家文書」）。

弘化三丙午年（一八四六）三月二八日、新井義有妻（大嶋村・家富利衛門秀之娘茂呂）が他界した。法名は光壽院静喜妙眞大姉という。

嘉永三庚戌年（一八五〇）五月一日　殿様松平藤十郎様が徒士頭として将軍家慶様の日光代参のために幕府高家畠山長門守・中條中務大輔、日光奉行山口丹波守、中奥小姓青山備中守、岡部筑前守、船越駿河守、納戸頭山岡八左衛門らに随行し、この日に帰参して将軍に謁見した（『續徳川實紀　第二巻』）。代参には名主新井権之丞が殿様の御供を仰せつかったものと思われる。

嘉永四辛亥年（一八五一）二月一日、新井権兵衛義一が享年五四歳で他界する。法名は春光院梅香圓照居士という。この年、新井権之丞が名主、新井多仲が組頭を勤めていたことが古文書で確認できる。

嘉永六癸丑年（一八五三）六月三日、米国ペリー艦隊が浦賀沖に現れたため、同九日、松平藤十郎様が御先手鉄炮頭の同僚金田式部と共に「異国船滞留中、組の者を召し連れ、昼夜とも市中その外の見廻り」を命じられた（名主新井権之丞も知行所村民の動員などを求められた可能性もある）。六月一七日に松平藤十郎様は金田式部と共に市中見廻りの任を解かれた（嘉永六年丑年六月「浦賀奉行所ゟ御届」、『續徳川實紀　第二巻』）。

嘉永七甲寅年（一八五四）一二月五日、権兵衛義一の妻士和が享年五四歳で他界する。法名は戎定院解脱知見大姉という。

文久四甲子年（一八六四）三月に新井権之丞が松平確太郎知行所の名主として船津川村を代表し、他村名主と共に訴人となって「越名河岸土出しにつき植野村他訴書」を提出した。

慶応四戊辰年（一八六八）三月六日、新井権之丞が他界（切腹との伝承もある）した。法名は船津木青院仁応有徳定清居士という。

三月四日、朝廷の征討軍が安中に迫り、岩鼻代官及び関東取締役が江戸に逃亡した。

三月九日、梁田（足利市）戦争で幕軍が官軍に敗北する。

六月四日、佐賀藩士鍋島道太郎が真岡知県事に就任し（県庁は宇都宮城に設置）、真岡代官所が管轄していた幕府領のほぼ全域と下野国内の旗本領のほぼ全域を管轄することになった。

一一　名主権兵衛の時代（一八六八～一九〇九）

慶応四年（一八六八）八月二七日（一〇月三日）、（明治）天皇が即位し、明治と改元される。

一一月（明治元年）、役人惣代の名主新井権兵衛が名主福地太左衛門と共に真岡知県事鍋島道太郎に「船津川村明細書上帳」を提出した。この数年前に権之丞は権兵衛・ナヲを夫婦養子に迎えている。

明治五年（一八七二）四月、名主など地方三役が廃止され、戸長、副戸長制度に取って代わられる。

明治一三年（一八八〇）　三月二四日、新井権兵衛の妻ナヲ（新井義有五女美弥の嫁ぎ先、安蘇郡高萩村の住人本郷宗五郎娘、天保七年〈一八三六〉生まれ）が享年四四歳で他界した。法名は船津光徳院晴山明真定清大姉という。

明治一六年（一八八三）五月一一日、新井権之丞の妻土喜（文化九年〈一八一二〉

生まれ、新井義有四女）が享年七一歳で他界する。法名は船津宝持院誠心照月定清大姉という。

明治三〇年（一八九七）九月、新井多仲延親が享年七四歳で他界した。法名は淳善院桂念徳照居士という。

明治四二年（一九〇九）一月三日、権之丞の養子新井権兵衛〈天保八年〈一八三七〉生まれ）が享年七二歳で他界した。法名は船津徳翁院壽宝覚全定清居士という。

第四章　新井家譜覚書

一　権兵衛家

（一）先祖新田義興

新井家は清和源氏新田氏の末裔だといわれている。源義家の次男義国の長子義重が上野国新田荘に定住して新田氏の祖となり、八代義貞の次子義興が新井家の始祖となったと考えられているからだ。その後、嫡孫の新田貞成が同荘金谷郷に居住して金谷に改姓し、その嫡男吉成も新井郷に移って新井姓に改め、一四四〇年頃に下野国安蘇郡舟渡川村（栃木県佐野市）に定住し、現在もその地に子孫が残っている。

新井家には三種類の家系図が伝来している。最も古い系図（「新田新井系図」安永版）は安永年間（一七七〇年代）に作成され、後に福地家の手に渡り、新井家に残されているのはその写しである。二番目に古い巻物状の系図（「新井系図」寛政版、新井忠雄家所蔵）は一八〇〇年頃に作成されたものと推定される。最も新しい系図（「新井系図」天保版、同上）も巻物状で天保年間に作成されたと思われる。内容は安永版と他の二つの間に少し違いが見られるがそれほど大きいものではない。例えば、新井家の家紋・幕紋は寛政版と天保版では左右三頭巴、丸の内に一つ引、五三の桐と記されているが、安永版では左三つ巴、丸の内に二つ引、黒餅井桁となっている。

新井本家の屋敷（権兵衛屋敷と呼ばれた）には新田義興を祭った神社が昭和四〇年頃まで鎮座していた。義興の位牌（大源院殿宗雲天徳義興大居士、新井忠雄家所蔵）や、義興を描いた二幅の掛軸（騎馬神像と衣冠束帯像、江戸中期作、新井敏之家所蔵）も伝わっている。江戸時代には義興を祭った新田神社（大田区矢口）やその別当寺真福寺との間には緊密な交流があったらしい。騎馬神像の掛軸は右側に「武州荏原郡六郷領矢口村」、左側には「義興山明王院真福寺」と記されており、真福寺から授与されたものであろう。しかし、一八六八年の神仏分離令によって真福寺が廃寺になると、関係も途絶えている。

さて、新田義興は元弘元年（一三三一）に生まれ、延元三年（一三三八）に吉野において後醍醐天皇に謁見し、元服して左兵衛佐義興と名乗ったが、延文四年（一三五九）一〇月一三日に武州荏原郡矢口の渡で謀殺されている（「新井系図」「新田新井系図」）。享年は二八歳である。もっとも義興の没年については延文三年と四年の二説がある。後世に編纂された『喜《き》連川判鑑《つれがわはんがん》』には「十月十日。新田義興ヲ武州矢口ノ渡ニテ誅ス」（足利基氏延文三年条）とあるが、同時代の史料『大乗院日記目録』には「十月十日、新田左兵衛義興自害於武蔵國、鎌倉左馬頭知之」（延文四年条）と記されている。中世史専門の田中大喜（国立歴史民俗博物館）も信頼性の高い同時代史料という点から延文四年説に軍配を上げている。

義興の母は『鑁阿寺《ばんなじ》新田足利両家系図』では上野国抜鉾《ぬきほこ》神主天野民部橘時宣の娘、また『新田族譜』では家女房由良越前守光氏の娘と記されている。由良氏は長浜氏と共に船田氏に次ぐ新田義貞の有力家臣であった。しかも、由良氏は三郎左衛門尉、新左衛門尉、兵庫助、美作守、越前守光氏などが『太平記』にも登場して目覚ましい活躍を見せている。特に新左衛門尉と兵庫助の二人は義興に従い、矢口の渡しにおいて共に謀殺されている。これらの点を考えると、義興の母は由良越前守光氏の娘であったと見るべきだろう。なお、新田荘由良郷の威光寺は生母台姫《うてなひめ》（自性院殿）の居館跡とされ、義興の誕生地ともいわれている。本堂には義貞、義興、台姫の位牌が安置され、境内には義興・台姫・光氏の宝篋印塔とされるものが三基並んでいる（『新田郡宝泉村誌』）。

ところで、足利幕府は尊氏の征夷大将軍就任直後から深刻な内紛が勃発している。貞和五年（一三四九）頃から足利直義と高師直・師泰兄弟との間には抜き差しならぬ確執が生じた。まもなく尊氏・師直と直義の対立は観応《かんのう》の擾乱《じょうらん》（一三五〇〜五二）と呼ばれる動乱にまで発展し、南朝軍も各地で蜂起する機会を与えられた。東国では新田義興・義宗が上野・越後で挙兵し、一三五二年には武蔵金井原（小金井市）や小手指原（所沢市）で尊氏軍と戦って鎌倉に入った。尊氏・基氏が鎌倉から逃げ出し、義興らが鎌倉を占拠する事態となったのである。新田勢は直義派の石堂義房、三浦高通、二階堂政元などを味方に取り込み一大勢力となったからである。この時、信濃の大河原（伊那郡大鹿村）にいた宗良親王も信濃の諏訪氏らを率いて上信国境の碓氷峠へと出陣した。この軍勢にも直義派の上杉憲顕、その子能憲、被官の長尾氏などが加わっていたが、南朝方は尊氏憎しの思いだけで集まっていた呉越同舟の混成部隊という弱点を抱えていた。

このため南朝方は二月二一日に笛吹峠の戦いで敗れ、宗良親王や新田義宗は越後に、上杉憲顕らは信濃に逃れ、三月四日には義興や脇屋義治も鎌倉から駆逐されてしまった。そして尊氏は畠山国清を関東管領に据えて鎌倉公方基氏を補佐させるが、この国清が義興を矢口の渡しで謀殺することになったのである。その国清も二年後には基氏に追放され、直義派であった上杉憲顕が関東管領に復帰する。観応の擾乱の際に新田荘でも新田岩松氏が尊氏派の頼宥と直義・上杉憲顕派の直国とに分裂したが、上杉憲顕の関東追放後に失脚していた直国が国清追放後には復権するのである。

(二) 徳寿丸《とくじゅまる》(義統《よしむね》、義宗)

新田義興が矢口の渡しで自裁した際、新井家の先祖とされる遺児は未だ乳飲み子で、家臣に抱えられて新田荘内に身を隠したといわれる。この遺児は恐らく徳寿丸と名付けられたと思われる。幸い、一つの傍証らしき資料がある。岡部盛善「岡部家家譜考—太田市強戸村《ごうどむら》の岡部家宗家についての一考察」(草稿)によれば、元文三年(一七三八)に徳川幕府は徳川家の先祖と称する新田氏の旧跡調査のために新田郡地方に役人を派遣し、その調査に当たらせたが、その際に強戸村にも役人が調査に訪れ、その時の調査が以下のごとく記録として残っている。すなわち、「強戸村重郎兵衛御注進　拙者組下彦助と申者の家に景図有り　是先祖彦助方へ申伝候は此書付かならず見申間敷候　無拠見候はば七日の精進にて見可申候と申伝候

額と景図にも定まりなく村の評判岡部名字故岡部六弥太景図と申候　同仙右衛門耳致仕候は天満大自在天神の大文字にて懸り物御座候　是は新田徳壽丸十三才にて御書被成候と評判仕候間　依之名主組頭打寄見申候得ば新田徳壽丸にては無御座候　天満大自在天神と御書

徳壽丸十三才にて書之とあり　誰にて御座候哉相糾不申候よし」（『金山太田誌』）とあった。

現代語訳をすれば、「強戸村重郎兵衛の申し出によると、同人の組下の彦助という者の家に代々伝えてきた系図があり、この系図は決して見てはならない、若しどうしても見る必要がある時には、七日間の精進をしてからでなければ見てはならないと言い伝えられているものである。本当のところは、額とも系図とも分からないものであるが、村の噂では、彦助の家は岡部名字なので、岡部六弥太系図だろうといわれている。また岡部仙右衛門という者が言うには、それは大きな字で『天満大自在天神』と書かれた軸物で、『新田徳壽丸十三才にて御書きになられた』と書いてあったというので、名主や組頭が一同に会して実見したところ、実は『新田徳壽丸』ではなく、ただ『天満大自在天神、徳壽丸十三才にて書之』とあっただけで、この徳壽丸というのが誰であるのか分からないので詮索しなかった」という内容である。

この資料は、かつて徳寿丸なる少年が強戸村近辺に隠れ住んでおり、それが新田義興の遺児（徳寿丸）であった可能性を暗示する伝承と見ることができる。というのも、「新井系図」には義興の孫貞成が強戸村の西北二キロに位置する金谷村（現北金井）の山裾に隠れ住み、金谷と改姓したと書かれており、この近辺が身を隠す安全な場所であったと考えられるからである。しかも、義興は延元三年（一三三八）に七歳で元服しているので、この「徳壽丸十三才」は義興本人ではなく、その遺児か孫と考えるべきであるからだ。つまり、この資料は義興の遺児が強戸・北金井周辺に残した一つの足跡と見ることができるのである。

義興自決の時に従っていた者は世良田右馬助義周、井弾正左衛門直秀、大島周防守義遠、由良兵庫助、由良新左衛門、進藤孫六左衛門、堺壱岐権守、土肥三郎左衛門、南瀬口六郎峰正、市川五郎忠光などであり、他に大島兵庫頭義世、松田与一政重、宍戸孫七、堀口義満などの名も挙がっている。特に松田与一は額戸経義の孫鶴生田時綱の曾孫で、強戸村周辺に一族も多かったことから、義興の遺児が潜伏先を探す機縁になったかも知れない。

ところで、義興の遺児については「新田新井系図」（安永版）では言及されておらず、「新井系図」（寛政版）と同（天保版）では「義宗」、しかも弟の武蔵守義宗が義興の嗣子となったと書かれている。すると、新井家は義興ではなく、義宗の子孫ということになってしまう。もっとも、義貞の家督を継いだ武蔵守義宗が義興の遺児（徳寿丸）を猶子として養育したという意味なのだと解釈すれば矛盾はなくなるのかも知れないが。

とはいえ、義興の遺児については不明な点が多い。そこで、傍証を踏まえ、私の推論を提示して見よう。私は義興の遺児が「よしむね」と呼ばれ、「義統」か「義宗」のいずれかの表記を用いていたと考えている。義興の遺児に関する資料は少ないが、『桐生市史 上』所載の「横瀬氏諸系図」の中にある「由良氏系図（常陸、金竜寺本）」が義興の子として義統《よしむね》の名を挙げ、孫を徳寿丸（従五位下下総守）としている。残念ながら原本を見る機会はなかったが、『桐生市史 上』と新井家の伝承を踏まえ、私は義興（徳寿丸）の子が義統であり、幼名徳寿丸時代に新田荘郷戸村近辺に隠れ住んだのではないかと考える。また義興自刃後、家臣が乳飲み子（徳寿丸）を抱えて新田荘に身を隠した時、まず郷戸一族の鶴田・松田氏を頼ったのではないかとも考えている。

とはいえ、新田義統の足跡は資料ではほとんど確認できない。しかし、義興弟の義宗が貞治七年（一三六八）七月に上越国境付近で戦死した後も、新田義宗なる人物が各地に足跡を残したという資料は存在する。もちろん、伝説に過ぎないものもあるだろうが、実は新田義統の事跡が義宗のそれに紛れ込んだ可能性もある。例えば、所沢市の東光山自性院薬王寺には新田義宗が隠れ住み、南北朝の統一後に僧侶となり、隠れ家をお堂に改装し、一体の薬師如来像を刻み、その腹中に守り本尊を納めて戦死した一族や家臣の菩提を弔いながら応永二〇年（一四一三）に没したという伝説が残されている。また境内に残る宝篋印塔の一基には「自性院殿義彗源宗大居士　応永二十癸巳年（一四一三）三月一日逝去　正四位羽林次将武州刺史源朝臣」と刻まれており、これが義宗の墓塔（寛永年間造立）だといわれている。だが、もしこれが新田義統の墓だとすれば、享年五五歳で、ほぼ無理のない寿命だといえる。さらに『新田氏及上毛人勤王事蹟一斑』も応永一六年（一四〇九）七月一四日、新田義宗が伊予道後で没したと記している（『南北朝編年史　下』）。「新井系図」（寛政版）と同（天保版）にも義宗が伊予で没したとする記述がある。想像すれば、南北朝の動乱期を経て記憶が曖昧になり、「新井系図」も武蔵守義宗と義統を「よしむね」という呼び名の下に一人の人物として混同し、統合してしまったという可能性があるのではないだろうか。

（三）金谷丹波守貞成（徳寿丸か?、一三八〇年代生まれ?）

新井家の系図は貞成について「新田郡金谷郷に居住し故に金谷と称す」、「新田左兵衛佐源義興の後胤」としか記していない。恐らく貞成は父義統と別れ、金谷村の金谷氏を頼り、その娘を娶り、金谷に改姓したのではないだろうか。貞成の嫡男吉成も自分の長女富を金谷氏に嫁がせており、当時はまだ金谷一族との強い絆があったようである。

ところで、金谷氏は新田氏四代政義の次男大館家氏の三男貞寂《さだやす》の子重氏が金谷村に居住してその祖になったという。新田義貞とほぼ同世代の金谷経氏は重氏の嫡男で、その後の系譜は経政―氏顕―氏満―経兼―義綱―孫次郎朝氏―新太郎氏郷と続く（『続新田一門史』）。このうち金谷貞成と同世代に当たるのは応永二三年（一四一六）の上杉禅秀の乱で戦死した孫次郎朝氏である。とすれば、上記の金谷氏系譜は兄弟相続や重複（改名した同一人物）が含まれている可能性がある。

そこで、「金谷家系図」（桐生市、金谷因幡守末裔所蔵）などと比較すると、氏満と経兼、義綱と朝氏は同一人物か兄弟である可能性が高い。金谷氏満は鎌倉公方氏満（一三六七～一三九八）の時代に南朝方から北朝方に鞍替えして新田荘に舞い戻り、鎌倉公方と同名であることを憚って経兼と改めたのではないだろうか。公方氏満は幕府と不仲だったため新田一族やその家臣に武蔵国や上野国周辺で領地を与えて味方に取り込もうとしたといわれるが（『鎌倉大草紙・巻上』）、金谷氏満もその恩恵に浴して故郷に帰還することができたのだろう。また金谷貞成が頼ったのも金谷氏満（経兼）・孫次郎朝氏父子ということになるだろう。

しかし、金谷朝氏は応永二三年（一四一六）、上杉禅秀の乱に加わって討死する。朝氏は禅秀の娘婿であった新田岩松満純に従っていたからである。この乱には岩松氏と共に多くの新田残党も加わっており、金谷貞成もこの戦乱に巻き込まれて戦病死したと見られる。当時三、四歳であった佐太郎（吉成）は父と別れ金谷村を捨て、新井村へと身を避けている。なお、貞成には吉成のほかに嶋と幾與の二人の娘がいたが、嫁ぎ先は不明である。

（四）新井家初代吉成、佐太郎、従五位下紀伊守（一四一二～一四七三）

金谷貞成の嫡男吉成は応永一九年（一四一二）年に新田郡金谷村に生まれたが、まもなく同郡新井村に移り住み、新井に改姓して新井家の初代となった。吉成が新井村に移り住んだ理由は上杉禅秀の乱と関連していたと思われる。身を寄せていた金谷朝氏がこの乱で討死し、難を避けるために新井村に移り住んだと考えられるからである。新井村は義貞の叔父新井覚義《あきよし》の領地であった所で、南朝方の残党に心を寄せる一族もまだ残っていた（『新田一門史』）。

吉成は幼名を佐太郎というが、これは左兵衛佐（義興）家の長男（太郎）という意味が込められた名で、以後、新井家長子の幼名として世襲される。吉成は元服後、初め義成《よししげ》と名乗ったが、後に足利幕府に服属し、八代将軍足利義成《よししげ》（一四五三年義政に改名）と同名となるのを憚って吉成《よししげ》と改めた。そのため以後、子孫は名前の上の一字に吉を用いるようになる。

だが、やがて吉成は新田荘を退去せざるを得なくなって下野国舟渡川に移り住み、以後足利家（幕府）に服属することになった。というのも、永享の乱（一九三八～一九三九）と結城合戦（一四四〇〜一四四一）が勃発すると、吉成は新田荘を支配し鎌倉公方に与する岩松持国から圧迫を受けるようになったので、室町幕府に服属してその直轄領であった舟渡川村に移り住む道を選んだと思われるからである。新井家が「丸之内二つ引両」紋も用いるようになったのもこの頃に足利将軍家から引両紋を下賜されたからだと思われる（「新田新井系図」）。新田一族の多くは特に明徳三年（一三九二）の南北両朝の和議以降、室町幕臣となって家系を存続させ、家紋も新田氏の大中黒から足利氏の二つ引両に変える動きを加速させているからである。

そう考えると、吉成が舟渡川村に移住した時期は一四四〇年前後ということになるだろう。というのも、舟渡川で生まれた嫡男吉勝は、妻の土岐万四郎妹（一四四三年生まれ）との年齢バランスから見て永享一二年（一四四〇）から嘉吉三（一四四三）年頃に生まれているはずだからである。

（五）二代吉勝、佐太郎、紀伊守（一四四〇?〜一四九〇）

吉勝は下野国舟渡川に生まれ、延徳二年（一四九〇）七月に病死している。吉勝については家系図ではあまり詳しい記述が見られないが、父吉成と同様に幕府に従ったと思われる。

吉勝は男子の兄弟がいなかったが、富（金谷氏妻）と國（吉川左門清次妻）の二人の妹があった。妹の嫁ぎ先はいずれも新田荘の有力武士であり、金谷氏との間にはまだ強い絆が残っていたようだ。

（六）三代吉知、佐重郎、従五位下右京亮（一四六三？〜一四九四）

吉知は一四六三年頃に生まれ、足利将軍義熙《よしひろ》（義尚《よしひさ》）・義材《よしき》（義稙《よしたね》）二代に（奉公衆《ほうこうしゅう》として？）仕え、従五位下右京亮の官位を授けられている。吉知の母は美濃の土岐一族の娘と思われることから、その縁で京に上り足利将軍に仕えることになったのだろう。吉知には妹（早世）と弟重五郎吉孝（五郎左衛門尉、武田家に仕える）がいた。

吉知が仕えた足利義熙は一四七三年に九代将軍に就任し、長享元年（一四八七）に義尚から義熙に改名し、一四八九年に没している。従って、吉知が義熙に仕えたのは一四八七年以降のことになる。また足利義材（義稙、義伊）は一四九〇年七月五日に一〇代将軍に就くが、一四九三年には将軍職を追われている。吉知は「弓馬の達人」とされたが、明応三年（一四九四）三月八日に三〇歳前後で戦病死した。

吉知の法名「瓊林院龍室道雄居士」はその資質の高さを示唆している。瓊《けい》は美しいものを形容し、龍は優れた英雄を讃える言葉であり、道雄は道（武道）に秀でた者を意味するからだ。吉知は、「従三位左兵衛督成氏に付属し弓馬に達して誉れを得る」とも記されており、成氏と上杉氏との和睦が成立した一四七八年、あるいは都鄙和睦《とひわぼく》が成立した一四八三年頃からは成氏にも従うようになったのだろう。だが、前述のように吉知は一四八七年頃には京に上り、将軍義煕に仕えている。

ところで、室町奉公衆は五番編成で、各番の兵力は五〇〜一〇〇人、総勢三〇〇〜四〇〇人ほどだが、各番が抱える若党や中間なども含めると五〇〇〇〜一万人の兵力だったといわれる。吉知は母の一族土岐氏関係者の推挙で奉公衆に加わったのではないだろうか。しかし、一〇代将軍義材が明応二年（一四九三）二月に管領細川政元の制止を聞かずに畠山義豊の討伐を強行した際、吉知も従軍して負傷し、翌年三月八日に三〇歳前後で没している。

吉知の妻は堀口四郎左衛門尉源清重の娘である。堀口氏は新田一族の貞満の子孫で、貞満の長子義満は矢口の渡で義興と共に自刃している。堀口氏は、鎌倉公方が南朝方だった新田一族に対して宥和策をとるようになった頃に新田荘に舞い戻り岩松氏、次いで横瀬由良氏に従うようになった。吉知は文明一六年（一四八四）頃に堀口氏の娘を娶り、嫡男吉清と由幾、萬、竹の娘三人を授かっている。三人の娘は由幾が堀口五郎左衛門尉、萬が多田氏、竹が堀口備前源利清、にそれぞれ嫁いでおり、母の実家堀口氏に二人の娘が縁づいているので、それなりに親密な関係があったものと思われる。

（七）四代吉清、佐吉郎、正六位下主税亮（一四八三?～一五〇七）

吉清は堀口清重の娘を母として下野国舟渡川に生まれ、永正四年（一五〇七）五月六日に二四歳前後で病死している。吉清は妻帯もせずに没したらしく、妻子の名も系図にない。吉清も世襲の紀伊守を名乗らず、しかも従五位下紀伊守よりも低い正六位下主税亮を名乗っている。それは恐らく、この官位が私称ではなく下賜されたものであったからであろう。とすると、吉清も父と同じ縁を頼って京に上った可能性もある。しかし、父と並ぶ官位に上る時間もなく若くして病没してしまったのだろうか。

（八）五代吉行、佐四郎、紀伊守（一四六八～一五二六）

吉行は応仁二年（一四六八）に野州舟渡川に生まれ、吉清の家督を継いでいる。しかし、実を言えば、吉行は二代吉勝の側室腹の子で、三代吉知の異腹弟であった。吉知は一四六三年前後の生まれ、吉行は一四六八年の生まれなので、二人は兄弟ということになる。実母は家女房（側室）で、三男二女を生み、正室の没後一八年を経た永正四年（一五〇七）に没している。もし一人娘の豊が吉行の姉ということになれば、吉勝は正室より先に吉行の母を娶っていた可能性もある。もしそうであれば、吉勝は土岐万四郎の妹を正室に迎えなければならない事情があって、吉行の母を側室としたのではないだろうか。

ともあれ、吉行は正嫡ではなかったので甲斐の武田信虎の麾下として奉公し、三九歳頃、甥吉清の急逝によって家督を相続し、大永六年（一五二六）三月に五九歳で没している。武田家には正室土岐万四郎妹の次子吉孝（吉知弟）も仕えており、異母兄の吉行が吉孝の武田家随身を斡旋したのかも知れない。そして結局、新井家は吉孝ではなく、吉行が継ぐことになる。吉行と同腹の兄弟には吉巻（佐五郎）、吉列（佐七郎）という二人の弟と豊（江田氏妻）という姉（か妹）がいた。吉巻は小田原の北条左京太夫氏綱の麾下《きか》として武功をあげ、吉列も兄吉巻と共に北条家に仕えている。

（九）六代吉冬、佐太郎、従六位上舎人亮（一四九五?～一五七一）

吉冬は岡部氏（今川家武将か）娘を母として野州舟渡川で生まれた。母の岡部氏は大永三年（一五二三）一二月に五〇歳で死去しているので、生年は文明五年（一四七三）頃になる。吉冬は今川治部大輔義元に仕え、舎人亮の官位を与えられている。しかし、義元が永禄三年（一五六〇）に桶狭間で討死にしたため、吉冬は故郷の舟渡川村に戻り、元亀二年（一五七一）年六月に没した。法名は霊源院賢峯道哲居士という。吉冬は明応四年（一四九五）前後の生まれであったので、享年は七五歳前後とかなり長命である。吉冬には吉得（與五郎）、吉昆（重五郎）の他に早世した二人を含めて四人の弟がいた。吉得は北条左京太夫氏政に仕え、相州小田原に居住した。永禄二年（一五五九）の「北条氏所領役帳」によれば、知行地を持つ新井姓は豆州田方院家分八〇貫文の新井某と、津久井衆の千木良村の一貫七〇〇文の新井彦右衛門の二人がいる。しかし、この二人との関係は明らかではない。

（一〇）七代吉忠、佐重郎、佐源太、義忠、紀伊守（一五二五〜一五九三）

吉忠は佐貫五郎右衛門尉行道（館林近辺居住）の娘を母として大永五年（一五二五）に野州舟渡川に生まれた。佐貫氏は藤原秀郷の子孫といわれ、広綱が源頼朝の御家人となって右衛門尉に任官し、以後右衛門尉が総領家の世襲名となった。行道も右衛門尉と名乗っているので、衰退した嫡流家の子孫ということになるだろうか。なお、応永一三年（一四〇六）に佐貫庄司又太郎藤原沙弥広道が赤城山滝沢不動尊（粕川町北部）に安置されている鉄造不動明王像を寄進しており、恐らく行道の祖先であった可能性がある。

吉忠の生母は文亀元年（一五〇一）に生まれ、大永五年（一五二五）に二四歳で吉忠を生み、永禄三年（一五六〇）五月に五九歳で没している。吉忠は強弓の達人で連歌の道にも通じていたといわれる。吉忠は土豪としての自立を諦め、連歌を通じて佐野越前守昌綱に近づいて仕えることになった。佐野昌綱も連歌の道に秀で、横瀬氏によって新田荘を追われた連歌の名手岩松尚純（妻は佐野昌綱娘）も佐野に蟄居していたので、吉忠も連歌の会に参加しているうちに佐野家の家臣になったのだろう。『佐野武者記』（天正八年正月）にも佐野氏家臣として新井佐源太の名前が見える。吉忠は昌綱の没後には、その嫡子宗綱に仕えた。吉忠は文禄元年（一五九三）三月に没し、法名は慈芳院殿本安全無大居士という。吉忠には吉本（兵七、四郎左衛門尉）、内蔵之介、主計《かずえ》の三人の弟がいた。吉本は江戸に出たが、その子孫は断絶し、主計は慶長九年（一六〇四）に没し、法名を清光院誠翁道意居士と言った。

三弟主計の子孫は現在も船津川町に残っている。主計の嫡男は清右衛門で、その子は長子五右衛門、次子六右衛門（理左衛門、舟渡川に居住し、安永頃の当主は清右衛門）、三子七郎左衛門（舟渡川に居住、安永頃の当主は清兵衛）の三人である。六右衛門（理左衛門）の子は清右衛門（一六四四年生まれ）と儀左衛門（久世大和守に仕え下総国関宿に居住）であり、清右衛門の子は理左衛門（一六七一年生まれ、屋敷は新井権右衛門家東隣）であった。

五右衛門は主計の嫡孫であったにもかかわらず家督を継がず、子孫も安永年間には常陸国牛久近隣の生板新田に居住していた。その理由は、由良国繁が新田庄の旧領地を没収され、代わりに慶長三年（一五九八）に常陸牛久等で五四三〇石を与えられた際に、五右衛門も国繁に随行して牛久に移住したからだと思われる。主計は生母が館林の住人佐貫氏の娘だったので、由良氏に属するようになり、孫の五右衛門（当時二〇歳前後）も国繁に仕えたのではないだろうか。そこで、『金山太田誌』の「常州河内郡牛久城家中屋敷割」を見ると、家臣一三五人の中に足高郷で屋敷を持つ荒（新）井五右衛門の名が見え、恐らく同一人物だろうと思われる。しかし、元和七年（一六二一）に国繁の嫡子貞繁が嗣子のないままに頓死し、お家断絶と所領没収の処分を下され、新井五右衛門も牢人となって牛久近くの生板新田に土着することになったようである。

さて、吉忠の嫡男佐七郎は天正二年（一五七四）に生まれ、慶長一〇年（一六〇五）頃、上野国邑楽郡大久保村の住人高瀬采女正《うねめのしょう》の婿養子となって喜兵衛《きへい》と改名し、二年後に嫡男二代目喜兵衛を授かっている。一方、吉忠には子が二人しかなかったので、娘久良が村内の住人谷丹波守源忠次の嫡男兵三郎を婿養子に迎え、七左衛門吉次と名乗らせた。吉次は天正一九年（一五九一）に生まれ、慶安四年（一六五一）に五九歳で没し、久良もほぼ同じ頃に生まれて寛文四年（一六六四）に没している。

こうして大久保村の高瀬家は新井佐七郎が継ぎ、初代喜兵衛（法名浄安、墓は館林市五宝寺）を名乗った。また二代喜兵衛（道安、墓は五宝寺）は慶長一二年（一六〇七）に生まれ、明暦三年（一六五七）五月に五一歳で没している。二代喜兵衛は三代喜兵衛（元禄四年没）の他に三男善兵衛直房《ぜんべえなおふさ》（寛永一二年生まれ、享保元年一一月没）、四男平兵衛直義《へいべいなおよし》など六人の子供に恵まれた。

ところで、高瀬家は二代喜兵衛の頃までには農民身分になっていたが、「我ら先祖より親の代まで門屋《かどや》の者をたくさん置き候、我ら八歳、九歳の時分見申し候に、何かと門屋の者取参候見覚え候間、兄の世になり、我ら意見申し、門屋譜代の者に暇とらせ申し候」と善兵衛直房が書き残しているように、正保元年（一六四四）頃までは大勢の家来を屋敷内に住まわせており、高瀬家がまだ地侍的な性格を有していたことを物語っている。

というのも、高瀬家は佐野家の家臣で免鳥《めんどり》城主でもあった高瀬紀伊守の子孫だといわれているからである。免鳥城を守っていた高瀬紀伊守武正《たけまさ》は天正九年（一五八一）四月、足利の長尾顕長の軍勢に攻められて討死している（「佐野武者記」）。幸いにも嫡子久内左衛門武元《くないざえもんたけもと》は落ち延びて家督を相続し、佐野氏を継いだ北条氏忠から厚遇された。しかし、天正一八年（一五九〇）七月に後北条氏が滅びると、これに与した佐野家家臣たちは家中を追われ、高瀬喜之助《きのすけ》（久内左衛門か？）も喜右衛門《きえもん》と改名して古河村（現埼玉県加須市）に移り住んだ（『田沼町史』）。代わって、その嫡男と思われる高瀬紀伊守が免鳥郷二一三貫文（四四六石）の地を与えられたが、これが新井佐七郎を婿養子にした高瀬采女正ではないかと思われるのである。もちろん、確実な資料があるわけではなく、伝承に基づくものである。しかし、采女正は一六〇〇年頃に高瀬喜右衛門が居住した古河村の西隣の大久保村に移り住み、佐七郎を一人娘の婿に迎えている。佐七郎は婿入り後に高瀬喜兵衛と改名し、その名が以後、高瀬本家当主の世襲名となった。つまり、もし采女正が高瀬喜右衛門の子であるならば、佐七郎が喜兵衛と名乗ったのもごく自然なことのように思えるのである。

佐七郎は、新井家の後嗣が幼い久良（一六〇五年当時一五歳）しかおらず、母が文禄三年（一五九四）、父吉忠が文禄元年（一五九二）、叔父主計も慶長九年（一六〇四）に没していたにもかかわらず、実家の存亡の危機を顧みず、なぜ高瀬家に婿入りをしたのだろう。また久良が佐野家家臣谷氏の嫡男を婿養子に迎えているのもやはり異例といえる。考えられる理由は娘一人しかいない高瀬家が断絶してしまうには惜しい家柄だったということしかない。

さて、前述の高瀬善兵衛は廻船問屋を営み、「利根川の水は尽くるとも高瀬の身代は尽きまい」とまで謳われる豪商になった。そして、善兵衛は元禄二年（一六八九）、江戸の金龍山浅草寺に三〇〇坪の土地を購入して金銅の観音《かんのん》・勢至《せいし》の二仏（東京都台東区重文）、また館林の茂林寺《もりんじ》など数カ寺にも仏像等を寄進したことで有名である。だが、善兵衛の晩年（元禄以降）はあまり動静が明らかではなく、何らかの理由で幕府（将軍綱吉）の忌諱に触れたのではないかと噂された。この頃、紀伊国屋文左衛門や奈良屋茂左衛門などの新興商人の闕所事件が相次ぎ、善兵衛もたえず公儀の動きに神経を尖らせ、当時の商売に付きまとう危険を語っていたからである。

その善兵衛の子孫仙右衛門茂高（合の川政五郎、天明八年生まれ）は一五歳の時に家を飛び出し、江戸に出て博打打の仲間になり、やがて関東・奥州・東海諸国を遊歴し、信州善光寺門前の権堂村で旅籠屋を営んで子分二千人を擁する博徒の親分となった。しかし、四二歳になった時、翻然として悟り堅気となって実家に戻り没落した高瀬家の再興を図った。文政一一年（一八二八）には関東取締出役の案内役となり、川俣組合四〇か村の大総代を勤めている。

（一一）八代吉次、七左衛門、兵三郎（一五九一～一六六四）

吉次は天正一九年（一五九一）年に谷丹波守源忠次の嫡男として野州舟渡川に生まれ、新井吉忠の娘久良の婿養子となり、七左衛門吉次と改名した。佐野氏の改易後、吉次は土着したが、元和四年（一六一八）二月に小山藩主本多正純から名主（郷民の支配庄官）に任命される。そして、嫡男吉房と譜代下男等三〇人以上を引き連れて舟渡川村字下の本屋敷《もとやしき》から同村字十二所（の代官屋敷）に引き移った。吉次は慶安四年（一六五一）六月に五九歳で病死し、辞世の和歌を遺している。法名は真光院栄山清琢居士という。妻久良は寛文四年（一六六四）二月に没し、法名は回成院春山妙詠大姉という。吉次は嫡子吉房、次男三左衛門、三男九郎右衛門（権右衛門）、四男兵左衛門、邑楽郡田谷村の住人谷四郎兵衛妻、野州梁田郡梁田村の住人問屋藤蔵妻、の四男二女の子を授かった。三左衛門と九郎右衛門は兄吉房の家督を分与されて分家したが、四男兵左衛門は上野国邑楽郡飯野村の住人栗田若狭守《くりたわかさのかみ》の婿養子となっている。兵左衛門は娘一人しか授からず、大久保村の高瀬善兵衛の次弟を婿養子に迎えた。栗田氏は秀吉の小田原北条氏征伐の際には淵名上野介《ふちなこうずけのすけ》と共に飯野城を守った武将の子孫であった。

（一二）九代吉房、重介、権兵衛（一六一〇～一六七三）

吉房は慶長一五年（一六一〇）に吉次・久良の長子として野州舟渡川村字下の本屋敷で生まれ、延宝元年（一六七三）に字十二所の権兵衛屋敷において六三歳で病死している。法名は光照院覚翁道琢居士という。吉房は亡父吉次から名主役を受け継いだ。吉房には長子吉長と、下野国韮川村の住人高久七兵衛（佐野家旧臣）の婿養子となった次男の二人の子があった。

（一三）一〇代吉長、庄之助、兵右衛門、権兵衛（一六三五～一六九八）

吉長は野州榎本村の住人栗原氏の娘を母として寛永一二年（一六三五）に舟渡川村字十二所で生まれ、父の跡を継いで名主となった。元禄一一年（一六九八）五月に六四歳で病死し、法名は明鏡院観松常徳居士という。母栗原氏は延宝六年（一六七八）一〇月に没し、法名は観性院蓮花妙壽大姉という。吉長は長子吉旨、二男法印海浄、長女（村内字下の住人鈴木六左衛門春忠妻）、二女（野州韮川村の住人高久與左衛門妻、後に上州邑楽郡北大嶋村の住人小山伊兵衛に再嫁）、三女（野州安蘇郡吉水村の住人根岸儀兵衛妻、後に同郡馬門村の住人千金楽市兵衛豊長に再嫁）、三男吉道、の三男三女を授かっている。三男吉道は兄吉旨の家督を分与されて分家し、二男法印海浄《ほういんかいじょう》は武州倉田之郷（桶川市大字倉田）にある五大山明星院與願寺の中興の祖となり、享保一〇年（一七二五）五月に遷化した。

船津川村は元禄一一年七月一日の「元禄の地方直し」の実施によって旗本六家と天領の七給支配となる。村総石高一八三二石の内訳は、黒沢杢之助領一五三石（天明七年以降旗本横田領）、松平源太夫領五二二石、松平藤十郎領七五五石、花井源次郎領一一三石、山内主膳領五六石（山内家は豊産《とよただ》の時代の一七八〇年に旗本三〇〇〇石から一万三〇〇〇石の大名となる）、隠岐五郎太夫領二三三石、天領四・三石、となった。新井権兵衛家は、吉長の嫡男吉旨が松平藤十郎家知行所の名主を勤めることになる。

（一四）一一代吉旨、重助、市郎左衛門（一六六一～一七二六）

吉旨は寛文元年（一六六一）に十二所で生まれ、享保一一年（一七二六）二月に六五歳で没している。法名は明徳院梅翁賢聖居士という。母親の名は系図にも載っておらず、恐らく身分の低い者の娘で、正妻に子がなかったことから吉旨が嫡子になったのではないか。この母は正徳四年（一七一四）三月一九日に没し、法名は究境院性海良忍大姉という。

吉旨は父の後を継いで名主となり、一六九八年に「元禄《げんろく》の地方直《じかたなお》し」の実施により松平藤十郎知行所の名主となった。当初、家老の岩崎文衛門と金子与左衛門、代官の佐野利衛門が新井権兵衛屋敷内に役所を構えて常駐していた。しかし、領主松平藤十郎定盈《さだみち》は吉旨の行政手腕を評価し、また経費節約の目的もあって、家臣をすべて江戸に引き払い、正徳四年（一七一四）八月に吉旨を知行所六か村（船津川村七五五・五石、浅沼村五〇五・七石、赤見村二五五石、小見村、戸奈良村、田沼村？）の代官に任命した。吉旨は代官職に就くと、兼職が禁止されている名主職を嫡子義寛に譲っている。

松平藤十郎家は三河刈谷藩主松平定政《さだまさ》（無断出家後に永蟄居）の嫡男定知《さだとも》が延宝元年（一六七三）一二月に蔵米知行一五〇〇俵（一五〇〇石）の旗本に取り立てられ（『徳川實紀　第五巻』）、さらに元禄一〇年（一六九七）には御蔵米地方直令によって下野国安蘇郡内で一五〇〇石の知行取りになった。定知は同年一二月に致仕するので、実際の知行取りは次の定盈からで、屋敷も木引丁から築地鉄砲洲に移った。定盈は寄合から使番を経て御先手鉄炮頭（一七〇八〜一七一四）を勤め、与力六騎・同心三〇人を預かる身分となった。そして、この定盈が前述のように吉旨を六か村の地方代官に任命し、以後新井家は一二代吉寛、一三代吉豊の三代七〇年間にわたり、知行所の管理を任されたのである。

吉旨は長女（野州安蘇郡田沼村の住人田所儀左衛門妻、後に上州邑楽郡板倉村荻野郷左衛門秀安に

再嫁）、嫡男義寛、次男吉遠（七左衛門、兄義寛の家督を分与されて分家、名主、船津川河岸問屋）、次女（野州安蘇郡吉水村の住人根岸善兵衛妻、後に新井氏に再嫁）、三男吉高（吉満、源八郎、邑楽郡離村の住人山本次郎兵衛婿養子）、三女（野州都賀郡仙波村の住人新里八郎左衛門妻）の六人の子供を授かっている。

（一五）一二代義寛、吉寛、義信、市郎左衛門、権兵衛（一六八二〜一七五九）

義寛は小林松十郎（上野国北大嶋村の住人、杉の渡南岸）の娘を母として、天和二年（一六八二）に十二所で生まれ、享保一一年（一七二一）正月に父吉旨の跡役として代官職を継ぎ、嫡男義豊が幼少のゆえに名主役を弟吉遠（七左衛門）に譲った。義豊は遅くとも享保一八年（一七三三）以前に吉遠から名主役を引き継ぎ、吉遠は河岸問屋に専念した。しかし、享保一九年（一七三四）一一月に越名河岸《こえながし》の問屋須藤又市・須藤半兵衛・山田四郎右衛門・須藤五郎左衛門の四名と馬門河岸の問屋永島五郎左衛門・田沼八左衛門・矢沢太郎左衛門・永島茂右衛門の四名合わせて八名の河岸問屋が船津川村の河岸問屋新井七左衛門吉遠及び同村村役人五人を営業妨害の廉で勘定奉行に訴え出た。船津川村に新興の河岸問屋が出現して利益の多い商品物資を奪い取り、越名・馬門の問屋・船頭・周辺三ヵ村が困窮状態に陥っているので、これを閉鎖して欲しいと幕府に訴えたのである。その結果、船津川河岸は「地頭荷物は格別、外荷物は一切積み送り申す間敷く候」と命じられ、越名《こえな》・馬門河岸《まかどがし》のほぼ全面勝訴となった。

義寛は寛延三年（一七五〇）八月に六八歳で没し、法名は唯心院楽住遊岸居士という。母小林氏も寛保三年（一七四三）正月に没しており、法名は観智院真寶了讃大姉という。義寛は新田氏の出自を強烈に意識するようになり、「義信」と改名するなど「義」の一字を使い始め、その後の子孫もそれに影響されるようになった。なお、義寛は享保七年（一七二二）四月に嫡男重助（戒名は清誉了俊善童子）を一三歳で亡くし、次男義豊を嫡男に改めた。他にも三男平三郎、四男徳三郎、五男源五郎、長女（邑楽郡岡野村の住人岡野甚左衛門妻）、次女（安蘇郡赤見村の住人青木重兵衛妻）などの子供を授かった。

（一六）一三代義豊、吉豊、喜三郎、権兵衛（一七一四〜一七八五）

義豊は村内字下の住人鈴木半兵衛春忠の娘を母として正徳四年（一七一四）に生まれ、天明五年（一七八五）一二月に七一歳で死去した。法名は源光院大空義豊居士という。義豊の母は安永五年（一七七〇）八月に没し、法名は蓮花院阿闍智法大姉という。

義豊は父から代官職を受け継ぎ、領主松平藤十郎定得《さだのり》が浦賀奉行に就任した際には忠勤を尽くした。定得の奉行在職期間は明和四年（一七六七）九月から安永三年（一七七四）正月までの六年と四か月に及んでいる。定得（定旧《さだもと》、数馬、藤十郎）は宝暦五年（一七五五）の家督相続後、御小姓組、御使番、西の丸目付、本丸目付を歴任した後、明和四年に浦賀奉行、安永三年に小普請奉行を勤め、従五位下美濃守に叙任された。その後、天明四年四月に致仕し、翌年一二月に五四歳で死去している。定得の妻は松平源太夫定為の娘である。源太夫も知行千石の旗本で、船津川村では藤十郎家の東隣に五二一石の知行地を持っていた。もちろん、両家は共に梅鉢を家紋とする久松松平家の分家であった。

六か村の代官職を勤めたのは義豊が最後だったかも知れない。理由は分からないが、次代以降は代官職に就いたという記述が見られないからである。義豊は嫡男義久、長女（野州足利郡足利町の戸田藩士安田孫助義重妻）、二男義真（百松、左門、満右衛門、戒名は栄壽道伯居士）、の二男一女を授かっている。

（一七）一四代義久、吉久、市郎左衛門、庄兵衛（一七三八〜一七九五）

義久は邑楽郡川俣村の住人金子内蔵助（太郎左衛門政晴）の娘を母として元文三年（一七三

八）に生まれ、寛政七年（一七九五）八月に五七歳で没している。法名は胎中院高獄空隆居士という。母金子氏も天明五年（一七八五）一〇月に没し、法名は蓮乗院西住妙貞大姉という。

義久は父義豊の跡を継いで名主となったが、代官就任という記述がないので、代官職は義豊の代で終わったのかも知れない。義久は正妻鈴木半兵衛春房の娘との間に嫡男義有、長女（野州小俣村の住人須藤円蔵行宗妻）、次女久和（安蘇郡出流原村の住人片柳五郎兵衛嘉季妻）、三女梅（安蘇郡富岡村の住人橋本宗助重利妻）、四女婦美（野州清水新田の住人石川伝蔵妻）、の一男四女を授かった。正妻以外にも義久は邑楽郡上早川田村の住人荒井幸助娘もよを側室にして圓八郎吉明、吉明姉（安蘇郡天明町の住人丸山善太郎妻）、伊乃（邑楽郡北大島村新田の住人飯塚勇助妻）、邑楽郡北大島村新田の住人飯塚喜兵衛妻など一男四女を儲けている。

（一八）一五代義有、吉有、熊八郎、権兵衛（一七七九～一八三四）

義有は村内字下の住人鈴木半兵衛春房の娘を母として安永七年（一七七八）に生まれ、天保五年（一八三四）四月に五六歳で没している。法名は寶壽院龍音覚道居士という。また母鈴木氏は文化二年（一八〇五）八月に死去し、法名は善性院静喜妙真大姉という。さらに、妻は邑楽郡北大嶋村の住人家富清左衛門（利右衛門秀之、杉の渡南岸）の娘茂呂で、弘化三年

（一八四六）三月に没し、法名は光壽院静喜妙真大姉という。

義有は寛政四年（一七九二）に父の後を継いで一五歳で名主となったが、やはり代官に就いたという記述は見られない。義有は寛政四年（一七九二）三月、父義久の亡くなる三年前に異母弟の圓八郎吉明に家督を分与して分家させている。これは父義久の強い意向に従ったものである。義有は長女土和（婿養子義一妻）、二女間佐（安蘇郡植野村の住人川辺宗兵衛妻）、三女多喜（安蘇郡小見村の住人船田亀右衛門妻）、四女土喜（婿養子権之丞妻）、五女美祢（安蘇郡高萩村の住人本郷宗五郎妻）、六女津祢（足利郡寺岡村の住人山本栄助妻）、など娘ばかりを六人儲けた。

（一九）一六代義一、一郎次（司）、権兵衛（一七九六～一八五一）

義一は実は野州足利郡寺岡村の住人山本嘉衛門の次男で、義有長女土和の娘婿として新井家一六代を継いだ。後に山本家の義一の甥に義有の六女津弥が嫁いでいる。義父吉有が文化一〇年（一八二〇）頃から体調を崩すようになり、文政八年（一八二五）頃には義一が名主役を引き継いでいる。というのも義一が文政八年（一八二五）に名主として「田嶋村他五か村渡良瀬川欠損自普請願」を知行所へ提出しているからである。義一は寛政八年（一七九六）に生まれ、病気に悩まされながら嘉永四年（一八五一）二月に五五歳で没している。法名は春光院梅香円照居士という。寛政一二年（一八〇〇）に生まれた妻士和も嘉永七年（一八五四）一二月に五四歳で没しており、法名は戒定院解脱知見大姉という。

義一は病気勝ちで子がなく跡継ぎがいないことを憂えて、義久の側室腹の圓八郎吉明四男多仲（一八二四年一一月生まれ）を養子に迎え、後に義有三女多喜（安蘇郡小見村の住人船田亀右衛門妻）の三女イマと夫婦養子にした。しかし、これに激怒した義母（義有妻）茂呂は村内杉の渡に居住する分家新井権右衛門の弟権之丞を四女士喜の婿養子に迎えて当主に据えようとした。このため新井権兵衛家は屋敷を東西に分割し、二家が分立する事態となった。それはいつ頃のことだろうか。多仲の養子縁組は義有の没後であり、恐らく天保八年（一八三七）頃のことになるだろう。というのも、天保九年八月に幕府表高家横瀬美濃守定固（旗本一千石）の親族横瀬蔵人救周から「遠祖新田政義公六〇〇年祭・新田義貞公五〇〇年祭　供養招待状」が、「新井権兵衛（義一）・多仲（延親）・忠蔵・御一類中」宛に送られてきており、多仲が既に養子になっていたと判明するからである。従って、権之丞が婿養子になったのもその頃、恐らく天保八、九年のことであろう。

（二〇）一七代権之丞（一八一〇?〜一八六八）

権之丞は村内杉の渡に居住する新井権右衛門の弟として生まれたが、望まれて義有四女士喜の婿養子となる。その後、新井権兵衛家の家督を継いで名主となった。天保一四年（一八四三）四月に領主松平藤十郎が一二代将軍家慶の日光社参に御徒頭としてお供をした時も、権之丞が病気の義一に代わって名主を勤め、知行所の村民を中小姓・足軽・陸尺《ろくしゃく》などとして殿様の御供に駆り出す差配をしたものと思われる。また文久四年（一八六四）には松平藤十郎（確太郎）領の名主権之丞が村名主を代表し、船津川村訴人として「越名河岸土出しにつき植野村他訴書」を提出している。さらに元治元年（一八六四）には松平確太郎（藤十郎）地行所は名主が新井権之丞と谷助左衛門、組頭が谷庄左衛門と新井多仲、百姓代が源左衛門と市三郎、の体制で運営されていた。しかし、権之丞も子供に恵まれず、親族からナヲ・権兵衛を夫婦養子として迎え入れた。そして、権之丞は戊辰戦争最中の慶応四年（一八六八）三月六日に急逝している（切腹との伝承もある）。法名は船津木青清院仁応有徳定清居士という。妻士喜は文化一八年（一八二一）年に義有四女として生まれ、明治一六年（一八八三）三月に七一歳で没し、法名は船津宝持院誠心照月定清大姉という。

（一一）一八代権兵衛（一八三六～一九〇九）

権兵衛の妻ナヲは新井義有五女美弥と安蘇郡高萩村の住人本郷宗五郎の娘であり、権之丞の夫婦養子に迎えられた。ナヲは天保七年（一八三六）に生まれ、明治一三年（一八八一）三月に四四歳で没し、法名は船津光徳院晴山明真定清大姉という。権兵衛も天保七年に生まれ、明治四二年（一九〇九）一月に七二歳で没しており、法名は船津徳翁院壽寶覚全定清居士という。権兵衛は「船津川村明細書上」（明治元年一一月）に役人総代・名主として名前が挙がっており、権之丞から名主職を受け継いでいる。

二　権右衛門家（杉の渡）

（一）初代権右衛門、九郎右衛門（一六二六～一六九九）

権右衛門は新井本家（権兵衛家）八代七左衛門吉次と母久良の三男として寛永三年（一六二六）に野州舟渡川村字十二所の代官所屋敷で生まれ、元禄一二年（一六九九）九月に同村杉の渡で没している。享年は七三歳で、法名は峰月道秋信士という。権右衛門は寛永二〇年（一六四三）に一七歳で妻を娶り、兄権兵衛吉房の家督を分与されて杉の渡の新井理左衛門（六右衛門、吉忠弟の主計孫）屋敷の西隣に屋敷を構えて分家した。兄三左衛門（一六二一年頃の生まれ）が二二歳前後で分家する際に共に分家し、村内杉の渡に残された新井本家の地所を二人で分割して相続したようだ。家督分与の際にはそれぞれ何人か下男も分与されたが、元禄七年に死去した半助が最後の下男であったかも知れない。権右衛門は杉の渡に移り住んだ翌年の寛永二一年に長子六衛門、その七年後（慶安四年）に次男八兵衛を授かっている。

（二）二代六衛門（一六四四〜一七二六）

六衛門の母は寛永五年（一六二八）に生まれ、宝永五年（一七〇八）九月に八〇歳で没し、法名は観月妙詠信女という。六衛門は寛永二一年（一六四四）に舟渡川村杉の渡で生まれ、享保一一年（一七二六）一二月に八一歳で没しており、法名は寒窓淨證信士という。六右衛門は延宝五年（一六七七）に長女多尓《タニ》、貞享二年（一六八五）に長男辰之助（権右衛門）の一男一女を授かった。また六右衛門は弟八兵衛に家督を分与し、屋敷も西半分を譲っている。八兵衛は妻（寛文四年生まれ）を娶り、長男時之助を授かったが、元禄七年（一六九四）に三歳で亡くしている。

（三）三代権右衛門、辰之助（一六八六～一七三〇）

権右衛門の母は万治三年（一六六〇）年に生まれ、寛保三年（一七四三）年八月に没し、法名を秋月妙光信女という。権右衛門は貞享三年（一六八六）に杉の渡で生まれ、享保一五年（一七三〇）八月に四四歳で死去し、法名を授法教道信士という。

（四）四代六衛門　藤七

六衛門の母は没年が明らかではないが、法名は清林妙智信女という。六衛門は杉の渡で生まれ、元文三年（一七三八）一一月に没し、法名は梅梢了観信士という。三〇歳代前半という若年での死去であった。

（五）五代八兵衛

八兵衛の母は寛保三年（一七四三）二月に没し、法名を心月妙観信女という。八兵衛は杉の渡で生まれ、宝暦三年（一七五三）一一月に没し、法名を寒窓道怡信士という。短命で三〇歳前に亡くなっている。寛延一〇年（一七四八）に八兵衛は大胐□八衛門、栗原□□と共に世話人となって、川入山光福院の境内に鎮座する弁財天の御堂宮殿を建立している。

（六）六代六衛門

六衛門の母は明和二年（一七六五）七月に没し、法名を乗蓮妙西信女という。六衛門は杉の渡で生まれ、安永九年（一七八〇）正月に没し、法名を雪華道運信士という。六衛門には兄弟がおり、没年は明らかではないが、法名を西住道琢信士という。

（七）七代治兵衛

治兵衛の母は天明九年（一七八八）八月に没し、法名を心月妙運信女という。治兵衛は杉の渡で生まれ、文化一二年（一八一五）七月に没し、法名を杉月堂不染一空居士という。「宝光寺過去帳」によれば、治兵衛は明和九年（一七七二）三月に信州諏訪で幼女（法名は幻泡禅童女）を亡くしたと記されている。その少し前に生まれた長子六衛門も前妻の子なので、同様に諏訪で生まれたのであろうか。治兵衛が明和期に家族連れで諏訪に滞在していたようにも見えるが、資料が皆無で謎のままである。治兵衛は天明六年（一七八五）一一月に前妻を亡くし、後妻を娶って淳和三年（一八〇三）に夭折した娘（法名は玄成善童女）を儲けている。治兵衛は権右衛門家の中興の祖と伝えられており、嫡男六衛門が最初の墓石に加えて、立派な五輪塔を父治兵衛の供養のために再建立している。治兵衛は松平源太夫領の名主を勤め、その後は年寄として大鹿神社や宝光寺の祭事にも参加するなど村役人として尽くした。

（八）八代六衛門

六衛門の母は天明六年（一七八六）一一月に没し、法名を寒節妙光大姉という。六衛門は杉の渡で生まれ、文化一四年（一八一七）五月に父治兵衛の跡を追うように僅か二年遅れて没している。法名は宝玉道本居士と言い、財産を残した人だといわれている。次男権之丞が新井本家の四女士喜の婿養子に迎えられたのも六衛門の財力が少しは頼りにされた可能性もある。六衛門も組頭など村役人を勤めた。

（九）九代　権右衛門

権右衛門の母は嘉永四年（一八五二）一一月に没し、法名を寒覺妙讃大姉という。権右衛門は杉の渡で生まれ、安政三年（一八五六）三月に没し、法名を陽離到本居士という。権右衛門はあまり稼業に熱心ではなく、学芸好きだったといわれる。弟の権之丞は本家新井権兵衛義有の娘士喜の婿養子となり、本家の家督を継いだが、慶応四（一八六八）三月に急逝している。

（一〇）一〇代平吉（一八二六？〜一八七六）

平吉の母は元治元年（一八六四）八月に没し、法名を光月覚本大姉という。平吉は杉の渡で文政九年（一八二六）頃に生まれ、明治九年（一八七六）四月二一日に四九歳前後で没し、法名を意眞即到居士という。平吉も名主など村役人を勤めた。船津川村役人定員が元治元年（一八六四）の名主・組頭・百姓代各七人から明治元年に各二人に減員となった時にも、平吉は内田吉左衛門と共に百姓代を勤めた。また「川入山光福院釣鐘銘」（安政二年、一八五五）にも世話人として平吉の名がある。平吉は長女モン（文久二年一二月生まれ）を安蘇郡植野村大古屋の住人石島幸吉の二男幸蔵に嫁がせている。石島家は七竃《ななかまど》と呼ばれる旧家の一つであった。

（一一）一一代小市（一八四六〜一九〇四）

小市の母は明治一六年（一八八三）七月に没し、法名を賢全債聴大姉という。小市は弘化三年（一八四六）に杉の渡で生まれ、明治三七年（一九〇四）正月に五七歳で死去し、法名を照賢明雲居士という。小市は書を能くし、気軽に代筆などもしたというが、夏でも白足袋を履き、仕事に身を入れず、資産を食い潰したともいわれる。不幸にも小市が消防団長を務めていた明治三六年（一九〇三）前後のこと、近所の子供たちの遊ぶ火が母屋へ燃え移り、家具調度品や古文書類を含む一切が焼失してしまった。例外的に高名な絵師の絵が描かれた襖数枚のみが持ち出されたというが、それも一九四八年九月の突風で母屋が全壊した時に失われてしまった。小市は光福院に常備されていた腕用《わんよう》ポンプを引っ張って凍った弁天沼の上を走って駆け付けたが後の祭りだったという。そして、小市はこの降って湧いたような災難に打ちのめされたかのように間もなく他界する。

（一二）一二代澤吉（一八九〇～一九六五）

澤吉の母チョウは安政五年（一八五八）に邑楽郡大曲村の住人家住又左衛門・いその四女として生まれ、昭和一三年（一九三八）一一月に八〇歳で没し、法名を仙覺妙澄大姉という。澤吉は明治二三年（一八九〇）正月に船津川村杉の渡で生まれ、昭和四〇年（一九六五）三月に七五歳で没し、法名を宝壽栄沢居士という。澤吉には姉セン（明治一八年二月一一日生まれ、大胡藤市四男孝吉妻）、ヨシ（明治二〇年一〇月～同三〇年二月没）、鹿蔵（明治二五年六月～同二七年八月没）、セツ（明治二七年一二月生まれ、田島章妻）、源吉（明治三二年二月生まれ）などの兄弟がいた。なお、父小市は先妻まつ（明治一七年正月三五歳没、法名は観□妙蓮大姉）との間に長男弥市（明治一五年二月生まれ）を儲けている。弥市は小市死去の二年後、明治三九年一二月に邑楽郡西谷田村大字徐川村の須藤甚吉・かうの二女を娶り、大正五年（一九一六）三月に初代権右衛門以来二六〇年以上にわたって住み続けた船津川一二七番地を去り（一時期、船津川三四五番地に居住）、邑楽郡大島村四六番地へ転居した。しかも、弥市は屋敷や田畑を売り払い、先祖代々の墓も放置して顧みなかった。そのため次男澤吉が翌年八月に実母や弟妹を連れて船津川七五九番地に戻り先祖の墓を守ることになった。二年後の一九一九年には船津川二二〇番地の屋敷を買い求め、家を建てて住んだ。澤吉は刻苦勉励の生涯を送り、平吉、小市、弥市が手放した土地を徐々に買い戻して身代を回復し、農地解放前には小地主にまでなっている。その過程で世間の嫉妬を買い、土地をめぐる訴訟では敗訴して手痛い挫折も味わった。しかも、一九四八年九月一六日にはアイオン台風の通過に伴う竜巻で母屋が全倒壊するという災難にも遭っている。

（一三）一三代　小市

小市の母まちは明治二二年（一八八九）一二月に邑樂郡北大島村岡里の稲荷神社の神主飯塚閶治《かんじ》・路久《ろく》の二女として生まれ、大正一〇年（一九二〇）に三〇歳で澤吉に嫁いだ（病弱で結婚は無理といわれて婚期を逃がす）。神職は姉ちせの婿養子磯七（明治二二年四月生まれ）が受け継いだ。三女むら（明治二七年一〇月生まれ）は篠崎藤吉に嫁ぎ足利市に住む。飯塚家は甚《じん》平《べい》―安衛《やすえ》―閶治―磯七―朝雄の代まで神職を務めた。まちの母路久は江戸浅草諏訪町で生まれ、幕末の混乱期に両親を失い知人の浅草の商人坂本甚蔵の養女となったが、大島町岡里の士族小山幸八郎の斡旋で閶治に嫁いだらしい。まちは昭和五四年六月に八九歳で死去し、法名を宝珠慈照大姉という。

小市は大正一一年一月に船津川に生まれ、平成一八年八月に八四歳で没し、法名を荷葉新学清居士という。妻ふくは大正九年二月に群馬県山田郡竜舞村の有坂省三・チウの長女として生まれ、昭和二二年に小市に嫁ぎ、一男（筆者）二女を授かり、平成一三年三月に八一歳で死去し、法名を梅園貞薫清大姉という。ふくの叔父糸田定吉は陸軍士官学校卒業時に恩賜の銀時計を下賜され、陸軍航空隊のエースとして陸軍航空学校教官徳川好敏（清水徳川家、伯爵）に目を掛けられたが、日中戦争初期の試験飛行中に整備不良のため墜落死している。

ふくは若い娘時代、龍舞小町と呼ばれ、中島飛行機株式会社に勤めていた。また小市には眞二、三津子、雅市、千代子、清吉の五人の弟妹がいたが、長女と三男は夭逝している。四男清吉が婿養子に入った木塚家は江戸時代には油の製造販売を手掛ける分限者で、「金束《きんづか》」の姓も名乗っていたことがある。江戸中期には医者で国学者でもあった金束信甫《きんづかしんぽ》（桃埜金《とうやきん》先生、一七一一〜一七八八）が出ており、その曽孫木塚源右衛門の三男が江戸末期の功徳林院前大《くどくりんいんさきのだい》僧正《そうじょう》慈観《じかん》（日光山修学院大僧正、号は無為道人、功徳林院、狂歌の雅号は大痴）で、高名な狂歌の評者でもあったが、慶応二年八月に没している。

第五章　「覚書」資料

一　「関東下野国安蘇郡舟渡川村人名帳」（寛永三年〈一六二六〉一月九日）

五八家の当主と長子の氏名。他に家族や奉公人が多数いた。

〈上〉

一　福地太左衛門　福地孫左衛門
二　小野勘解由　小野儀兵衛
三　藤倉治郎兵衛
四　荒井久右衛門
五　小窪五郎右衛門　小窪与右衛門
六　初谷与惣　初谷治右衛門
七　大嶋清左衛門

八　金子惣兵衛

九　関口安右衛門　関口九兵衛

一〇　岡田七郎左衛門

一一　金子内蔵之助

一二　金井田七郎右衛門　金井田重右衛門

一三　関口喜左衛門

一四　関根喜右衛門　関根平右衛門

一五　谷津源兵衛

一六　須永孫右衛門

一七　五十木茂右衛門

一八　小河庄右衛門

〈中妻・砂原〉

一九　谷久兵衛

二〇　関口善右衛門

二一　増山小右衛門

二二　川村利右衛門　川村庄三郎
二三　鉢形久左衛門
二四　武藤新左衛門
二五　落合三郎右衛門　落合源右衛門
二六　舘野太郎左衛門
二七　関口仁右衛門
二八　鳥羽三右衛門
二九　関口茂左衛門
〈十二所〉
三〇　亀田又右衛門
三一　嶋田新三郎
三二　内田才兵衛　内田庄太夫
三三　谷津四郎右衛門
三四　蓼沼清左衛門
三五　兵藤弥治右衛門

三六　木村三郎兵衛
三七　菱沼半右衛門
三八　稲村弥重郎
三九　柿沼助右衛門　　柿沼長右衛門
四〇　新井七左衛門吉次　　新井権兵衛吉房
四一　藤倉勘右衛門
四二　福地喜兵衛
四三　大朏治郎左衛門
四四　谷市郎左衛門
〈杉渡・下〉
四五　大槻孫兵衛　　大槻六郎左衛門
四六　金井新右衛門
四七　谷津八郎右衛門
四八　飯塚庄左衛門　　飯塚与惣右衛門
四九　新井清右衛門　　新井六右衛門（次子）

五〇　谷津重右衛門
五一　駒宮仁右衛門
五二　大槻仁左衛門　　大槻弥左衛門
五三　栗原又兵衛　　栗原茂左衛門
五四　栃木玄蕃之助
五五　鈴木六左衛門
五六　長嶋藤左衛門　　長嶋儀兵衛
五七　鱸《すずき》市左衛門
五八　田名網藤重郎

（船津川町、「福地家文書」）

二　江戸期船津川村の村役人氏名

①　「元禄七年　古河領船津川村宗旨並五人組人数改帳」一六九四年

名主　　大槻七左衛門

同　　　　新井市郎左衛門吉旨
椿田　年寄　福地太左衛門
上　　年寄　金子吉左衛門
上　　年寄　金井田与右衛門
中妻　年寄　谷庄左衛門
杉渡　年寄　大槻清左衛門
杉渡　年寄　新井清右衛門
中妻　年寄　［落合］三郎右衛門
下　　年寄　鈴木六左衛門
下　　年寄　鱸市左衛門

（寺中町、「新井敏之家文書」）

② 元禄一一年（一六九八）船津川村六給知行所・名主
隠岐五郎太夫知行所　名主・福地太左衛門
花井源次郎知行所　　名主・金子五左衛門

黒澤杢之助知行所　　名主・鈴木六左衛門
山内主膳知行所　　　名主・金井田与右衛門
松平助太夫知行所　　名主・大槻七左衛門
松平藤十郎知行所　　名主・新井市郎左衛門吉旨

（寺中町、「新井敏之家文書」）

③　延享四年（一七四七）八月　船津川村知行所村役人
松平藤十郎知行所
名主　　新井権兵衛義寛
同　　理左衛門
組頭　　谷助左衛門
同　　内田吉兵衛
百姓代　　甚右衛門
同　　孫七
松平源太夫知行所

名主　大槻清左衛門
組頭　与七
同　大朏次郎左衛門
百姓代　徳兵衛
同　与四郎右衛門
黒澤杢之助知行所
名主　鈴木半兵衛
組頭　与一右衛門
百姓代　市之助
花井庄衛門知行所
名主　金子善右衛門
百姓代　源七
山内主膳知行所
名主　金井田七郎右衛門
百姓代　喜兵衛

隠岐五郎太夫知行所
名主　六右衛門
組頭　新助
百姓代　角右衛門
（田島町、「島田嘉内家文書」）

④　文政八年（一八二五）正月　船津川村名主
山内遠江守　名主・金井田与平次
松平源太夫　名主・大朏治郎右衛門
松平数馬　名主・新井市郎次義一（権兵衛）
花井亀三郎　名主・金子忠右衛門
隠岐五郎太夫　名主・福地太左衛門
横田筑後守　名主・鈴木半兵衛　組頭・忠左衛門　百姓代・次郎平
（「田嶋村他五か村渡良瀬川欠損自普請願」、大古屋町、「鈴木家文書」）

⑤　安政二年（一八五五）三月「船津川村高並びに家数人別書上」

村高一八三二石九升、江戸まで二〇里、家数一三二軒

人別六七一人、うち男三三〇人、女三四一人、馬一四疋

山内遠江守領分…　高五六石、　家数八軒　男一七人、女二五人、馬一疋

横田筑後守知行所…　高一五二石八斗、家数一四軒　男三八人、女二二人、馬二疋

松平源太夫知行所…　高五二〇石九斗、家数三三軒　男九〇人、女一〇二人、馬三疋

松平藤十郎知行所…　高七五五石四斗、家数四七軒　男一一二人、女一〇五人、馬四疋

花井亀三郎知行所…　高一一二石九斗、家数一〇軒　男三〇人、女三〇人、馬二疋

隠岐五郎太夫知行所…　高二三三石五斗、家数二〇軒　男四三人、女四七人、馬二疋

（寺中町、「木塚芳明家文書」）

⑥　元治元年（一八六四）三・四月「越名河岸大土出願書為取替証文」安蘇郡船津川村分

山内遠江守領分

百姓代　谷政兵衛

組頭　金井田清兵衛

名主　　　金井田七郎衛門
横田筑後守知行所
百姓代　　田名網清蔵
組頭　　　田名網次郎右衛門
名主　　　田名網又一
松平源太夫知行所
百姓代　　栗原七郎右衛門
組頭　　　新井政（清）右衛門
名主　　　大朏治郎右衛門
松平数馬知行所
百姓代　　関口市三郎
同　　　　亀田源左衛門
組頭　　　新井多仲
同　　　　川村庄左衛門
名主　　　谷助左衛門

同　　　　　　　　新井権之丞
花井亀三郎知行所
百姓代　　　　　関口藤左衛門
組頭　　　　　　関口沖衛門
名主　　　　　　関口銀蔵
隠岐五郎太夫知行所
百姓代　　　　　落合熊吉
組頭　　　　　　福地甚蔵
名主　　　　　　福地太左衛門

（鐙塚町、「山崎家文書」）

⑦　明治元年（一八六八）一一月「船津川村明細書上帳」
名主　　新井権兵衛（松平藤十郎知行所）
同　　　福地太左衛門（隠岐五郎太夫知行所）
組頭　　福地甚蔵（隠岐五郎太夫知行所）

百姓代　　落合熊吉　　（隠岐五郎太夫知行所）

（船津川町、「福地家文書」）

⑧　明治元年一二月「船津川村明細書上」

百姓代　内田吉左衛門　（松平藤十郎知行所）

同　　　新井平吉　　　（松平源太夫知行所）

組頭　　彦七　　　　　（松平藤十郎知行所）

同　　　矢吉

名主　　大朏治郎右衛門（松平源太夫知行所）

同　　　福地太左衛門　（隠岐五郎太夫知行所）

（寺中町、「新井敏之家文書」）

参考文献

一．古文書

「地方代官新井権兵衛覚書」（寺中町、「新井敏之家文書」）
「古河領船津川村宗旨並五人組人数改帳」（元禄七年）、（同上）
「遠祖新田政義公六〇〇年祭・新田義貞公五〇〇年祭　供養招待状」（同上）
「新田新井系図」（安永版）（船津川町、新井新屋敷家所蔵）
「新井系図」（寛政版）（天保版）（船津川町、「新井忠雄家文書」）
「船津川村領主変遷書上」（元禄一一寅年福地丑之助秀久筆記）、（船津川町、「福地家文書」）
「関東下野国安蘇郡舟渡川村人名帳」（寛永三年一月九日、同上）
「船津川村絵図」元禄時代（同上）
「船津川村絵図」天明五年（一七八五）（同上）
「佐野武者記」（天正八年、同上）
「船津川河岸出入返答書」（船津川町、「内田彦一文書」）
「船津川村の水不足対策について田嶋・船津川両村村役人の一札」（延享四年）（田島町、「島田嘉内家文書」）

二．市町村史類
『安蘇郡植野村郷土誌』一九一五年
『板倉町史　通史上巻』一九八五年
『太田市史　通史編中世』一九九七年、『同　資料編中世』一九八六年
『桐生市史　上巻』一九五八年
『佐野市史　通史編　上』一九七八年、『佐野市　史資料編二』一九七五年、『佐野市史　資料編三』一九七六年
『館林市誌　歴史篇』一九六九年
『館林市史　通史二』二〇一五年、『館林市史　通史三』二〇一六年
『田沼町史六巻　通史編上』一九八五年
『新田郡宝泉村誌』一九七六年
『新田町誌』第四巻、一九八四年

三．研究書等
市村高男『東国の戦国合戦』吉川弘文館、二〇〇九年
奥富敬之『上州新田一族』新人物往来社、一九八四年

小国浩寿『鎌倉府と室町幕府』吉川弘文館、二〇一三年
久保田順一『新田一族の盛衰』あかぎ出版、二〇〇三年
久保田順一『新田一族の戦国史』あかぎ出版、二〇〇五年
久保田順一『新田三兄弟と南朝』戎光祥出版、二〇一五年
慎斎著、前澤敏・長島正和翻刻『校正続撰　佐野記』永楽屋書店、一九六五年
慎斎著、前澤敏翻刻『続撰　佐野記』永楽屋書店、一九六六年
鈴木真年『新田族譜』十一堂、一八九〇年
高橋恭一『浦賀奉行史』名著出版、一九七四年
田辺久子『関東公方足利氏四代』吉川弘文館、二〇〇二年
富岡牛松『金山太田誌』富岡書店、一九三四年
則竹雄一『古河公方と伊勢宗瑞』吉川弘文館、二〇一三年
橋本博編『改定増補大武鑑 上』名著刊行会、一九六五年
峰岸純夫『新田義貞』吉川弘文館、二〇〇五年
藪塚喜声造『続新田一門史』一九八〇年
山田邦明『享徳の乱と太田道灌』吉川弘文館、二〇一六年
由良哲次『南北朝編年史　下』吉川弘文館、一九七九年

渡辺嘉造伊『上州の戦国大名　横瀬・由良一族』りん書房、一九九五年
「永享記」（『続群書類従　第二〇輯上』）
「鎌倉大草紙」（『群書類従　第二〇輯』）
『徳川實紀　第五巻』吉川弘文館、一九三一年、『同　第六巻』吉川弘文館、一九三一年、『同　第一〇巻』吉川弘文館、一九三五年、『續徳川實紀　第二巻』吉川弘文館、一九三四年
『日本歴史地名体系　九　栃木県の地名』平凡社、一九八八年

四．論文その他

江田郁夫「中世佐野荘と佐野氏」（『栃木県立文書館研究紀要』第七号）
岡部盛善「岡部家家譜考」草稿、一九九三年
熊谷光子「近世畿内の在地代官と家・村―類型化の試み―」（『市大日本史』第四号、二〇〇一年）
和田正明「椿田堤の今昔」安蘇史談会『史談』所収、二〇〇四年

あとがき

筆者はこの一一月に古稀を迎える。奇しくも、本書の出版がそのよい記念碑になりそうなので大変喜んでいる。もちろん、本書の完成は、多くの人々から頂いた暖かい支援と協力の賜物であり、改めて心より感謝を申し上げたい。まず、本書を執筆するきっかけを作ってくれた方々、『覚書』の原本を寛大にも貸与して頂いた新井敏之氏、献身的な翻刻者であった故京谷博次氏、京谷氏の没後に翻刻の相談に乗って頂いた櫻井孝至氏（館林市史調査協力員）に深くお礼を申し上げたい。これらの方々との出会いがなければ、本書は日の目を見なかったかも知れない。また、資料収集に際して惜しみない協力を提供して頂いた館林市、佐野市、太田市の図書館司書の方々、栃木県立文書館や佐野市郷土博物館の職員の方々に対しても心から謝意を表したい。太田市の正英山医光寺と医王山東光寺、新田神社（大田区）その他の寺社の神職・住職の方々からも貴重なお話を伺い、また親族や郷土史家の方々からも貴重な情報を提供して頂いた。記してお礼を申し上げたい。

ある意味で、本書の生みの親は墓誌情報の調査を筆者に依頼した父親かも知れない。その父親も二〇〇六年に他界し、また家系調査を微笑しながらも黙って見ていてくれた母も二〇〇一年に亡くなっている。本書を見ずに鬼籍に入ったこの二人に対して本書を捧げたい。また、調査に協力してくれた妹と九州大学在職時の同僚岡部鐵男名誉教授（太田高校出身、元関東学園大学教授）にもお礼をいわなければならない。さらに、このような道楽を寛大にも許してくれた妻子に対しても心から感謝をしている。

最後になるが、本書の出版を担当して頂いた下野新聞社クロスメディア局編集出版部の齋藤晴彦氏に対してもその献身的な助言と支援に心より感謝を申し上げたい。

二〇二〇年一一月吉日

新井　光吉

〔著者紹介〕

新井　光吉（あらい　みつよし）

埼玉大学大学院人社研究科名誉教授、専門は財政学、社会保障論。
1950年栃木県佐野市生まれ。東京大学経済学部卒業、同大学院経済学研究科博士課程修了。経済学博士。神奈川大学経済学部助教授、九州大学経済学教授・同大学院経済学研究院教授、埼玉大学経済学部教授・同大学院人社研究科教授を歴任し、2016年定年退職。この間、米国プリンストン大学（1996-1997年）、同カリフォルニア大学バークレイ校（2010-2011年）で客員研究員として研究に従事。

〈主要著書〉

『ニューディールの福祉国家』（単著）、白桃書房、1993年
『日・米の電子産業』（単著）、白桃書房、1996年
『アメリカの福祉国家政策』（単著）、九州大学出版会、2002年
『勤労福祉政策の国際展開』（単著）、九州大学出版会、2006年
『日欧米の包括ケア』（単著）、ミネルヴァ書房、2011年

地方代官 新井権兵衛覚書　代官が綴った北関東の農村風景

2020年11月8日　初版第1刷発行

著　者　新井 光吉

発行所　下野新聞社
〒320-8686　栃木県宇都宮市昭和1-8-11
TEL 028-625-1135（編集出版部）　FAX 028-625-9619

印　刷　株式会社シナノパブリッシングプレス

装　丁　塚原英雄

ISBN978-4-88286-771-5